"十三五"国家重点出版物出版规划项目
卓越工程能力培养与工程教育专业认证系列规划教材（电气工程及其自动化、自动化专业）

电气控制与 PLC 原理及应用

——西门子 S7 – 1200 PLC

主　编　陈建明　白　磊
副主编　马　强　郭香静　王成凤
参　编　何小可　赵明明　段爱霞　王亚辉

U0224833

机 械 工 业 出 版 社

本书涵盖了"电气控制技术"和"可编程控制器应用技术"两门课程的主要内容，特色鲜明。第一部分由第1章和第2章组成，介绍以低压电器、典型控制电路、常用生产机械设备的电气控制电路为主要内容的电气控制技术。第二部分由第3~6章组成，以西门子S7-1200系列PLC为对象，系统地阐述了可编程控制器的功能、架构与应用技术。其中，第3章介绍PLC的基本结构、设备组成、工作原理和开发环境；第4章、第5章和第6章介绍S7-1200 PLC的编程方法、指令系统、工程应用及其设计方法。第三部分即第7章，介绍PLC的通信与网络控制技术。本书编写采取实用为主的方式，内容以必需、够用为度，减少了原有课程教学内容中重复的部分。

本书的特点是讲述透彻、深入浅出、通俗易懂、便于教学。本书可作为高等院校本科自动化、电气工程及其自动化及相近专业的"现代电气控制"或类似课程的教材，也可作为各类院校高职高专层次相关专业类似课程的教材，还可作为相关领域工程技术人员的参考书。

本书提供的配套资源有电子课件、习题库、应用案例、课程学习步骤等。选用本书作教材的老师可登录 http://www.cmpedu.com 下载。

图书在版编目（CIP）数据

电气控制与PLC原理及应用：西门子S7-1200 PLC/陈建明，白磊主编.—北京：机械工业出版社，2020.9（2023.6重印）

"十三五"国家重点出版物出版规划项目　卓越工程能力培养与工程教育专业认证系列规划教材. 电气工程及其自动化、自动化专业

ISBN 978-7-111-66046-0

Ⅰ.①电…　Ⅱ.①陈…　②白…　Ⅲ.①电气控制-高等学校-教材②PLC技术-高等学校-教材　Ⅳ.①TM571.2②TM571.61

中国版本图书馆 CIP 数据核字（2020）第120966号

机械工业出版社（北京市百万庄大街22号　邮政编码100037）

策划编辑：王雅新　责任编辑：王雅新

责任校对：李　婷　封面设计：鞠　杨

责任印制：常天培

北京机工印刷厂有限公司印刷

2023年6月第1版第8次印刷

184mm×260mm·13印张·321千字

标准书号：ISBN 978-7-111-66046-0

定价：35.00元

电话服务　　　　　　网络服务

客服电话：010-88361066　机　工　官　网：www.cmpbook.com

　　　　　010-88379833　机　工　官　博：weibo.com/cmp1952

　　　　　010-68326294　金　书　网：www.golden-book.com

封底无防伪标均为盗版　机工教育服务网：www.cmpedu.com

序

工程教育在我国高等教育中占有重要地位，高素质工程科技人才是支撑产业转型升级、实施国家重大发展战略的重要保障。当前，世界范围内新一轮科技革命和产业变革加速进行，以新技术、新业态、新产业、新模式为特点的新经济蓬勃发展，迫切需要培养、造就一大批多样化、创新型卓越工程科技人才。目前，我国高等工程教育规模世界第一。我国工科本科在校生约占我国本科在校生总数的1/3。近年来我国每年工科本科毕业生占世界总数的1/3以上。如何保证和提高高等工程教育质量，如何适应国家战略需求和企业需要，一直受到教育界、工程界和社会各方面的关注。多年以来，我国一直致力于提高高等教育的质量，组织并实施了多项重大工程，包括卓越工程师教育培养计划（以下简称卓越计划）、工程教育专业认证和新工科建设等。

卓越计划的主要任务是探索建立高校与行业企业联合培养人才的新机制，创新工程教育人才培养模式，建设高水平工程教育教师队伍，扩大工程教育的对外开放。计划实施以来，各相关部门建立了协同育人机制。卓越计划要求试点专业要大力改革课程体系和教学形式，依据卓越计划培养标准，遵循工程的集成与创新特征，以强化工程实践能力、工程设计能力与工程创新能力为核心，重构课程体系和教学内容，加强跨专业、跨学科的复合型人才培养，着力推动基于问题的学习、基于项目的学习、基于案例的学习等多种研究性学习方法，加强学生创新能力训练，"真刀真枪"做毕业设计。卓越计划实施以来，培养了一批获得行业认可、具备很好的国际视野和创新能力、适应经济社会发展需要的各类型高质量人才，教育培养模式改革创新取得突破，教师队伍建设初见成效，为卓越计划的后续实施和最终目标的达成奠定了坚实基础。各高校以卓越计划为突破口，逐渐形成各具特色的人才培养模式。

2016年6月2日，我国正式成为工程教育"华盛顿协议"第18个成员，标志着我国工程教育真正融入世界工程教育，人才培养质量开始与其他成员达到了实质等效，同时，也为以后我国参加国际工程师认证奠定了基础，为我国工程师走向世界创造了条件。专业认证把以学生为中心、以产出为导向和持续改进作为三大基本理念，与传统的内容驱动、重视投入的教育形成了鲜明对比，是一种教育范式的革新。通过专业认证，把先进的教育理念引入我国工程教育，有力地推动了我国工程教育专业教学改革，逐步引导我国高等工程教育实现从以教师为中心向以学生为中心转变、从以课程为导向向以产出为导向转变、从质量监控向持续改进转变。

在实施卓越计划和开展工程教育专业认证的过程中，许多高校的电气工程及其自动化、自动化专业结合自身的办学特色，引入先进的教育理念，在专业建设、人才培养模式、教学内容、教学方法、课程建设等方面积极开展教学改革，取得了较好的效果，建设了一大批优质课程。为了将这些优秀的教学改革经验和教学内容推广给广大高校，中国工程教育专业认证协会电子信息与电气工程类专业认证分委员会、教育部高等学校电气类专业教学指导委员会、教育部高等学校自动化类专业教学指导委员会、中国机械工业教育协会自动化学科教学委员会、中国机械工业教育协会电气工程及其自动化学科教学委员会联合组织规划了"卓越工程能力培养与工程教育专业认证系列规划教材（电气工程及其自动化、自动化专业）"。本套教材通过国家新闻出版广电总局的评审，入选了"十三五"国家重点图书。本套教材密切联系行业和市场需求，以学生工程能力培养为主线，以教育培养优秀工程师为目标，突出学生工程理念、工程思维和工程能力的培养。本套教材在广泛吸纳相关学校在"卓越工程师教育培养计划"实施和工程教育专业认证过程中的经验和成果的基础上，针对目前同类教材存在的内容滞后、与工程脱节等问题，紧密结合工程应用和行业企业需求，突出实际工程案例，强化学生工程能力的教育培养，积极进行教材内容、结构、体系和展现形式的改革。

经过全体教材编审委员会委员和编者的努力，本套教材陆续跟读者见面了。由于时间紧迫，各校相关专业教学改革推进的程度不同，本套教材还存在许多问题。希望各位老师对本套教材多提宝贵意见，以使教材内容不断完善提高。也希望通过本套教材在高校的推广使用，促进我国高等工程教育教学质量的提高，为实现高等教育的内涵式发展贡献一份力量。

卓越工程能力培养与工程教育专业认证系列规划教材

（电气工程及其自动化、自动化专业）

编审委员会

前　言

电气控制与PLC原理及应用是综合了继电器－接触器控制、计算机技术、自动控制技术和通信技术的一门技术，应用十分广泛。可编程控制器（PLC）已广泛应用于工业控制的各个领域，是现代工业自动化三大支柱（PLC技术、机器人、计算机辅助设计和制造）之一。特别是西门子S7系列PLC在过程控制、电力系统、数控机床、道路交通等行业市场占有率较高。因此本书在编写过程中力求做到以下几点：

（1）讲究实际　简化低压电气控制方面的论述，突出基本环节与常用电器，精选传统电器及继电器－接触器控制内容，没有介绍扩大机、磁放大器和顺序控制器等应用越来越少的内容，大幅度增加应用越来越广泛的可编程控制器的内容。

（2）强调应用　着重介绍逐渐成为主流控制器的西门子S7-1200 PLC，以及以其为核心组成的控制系统设计和应用。介绍S7-1200的硬件结构和硬件组态、指令、程序结构、编程软件和仿真软件的使用方法，介绍一整套易学易用的开关量控制系统的编程方法、多种通信网络的使用方法。

（3）方便教学　尽可能深入浅出，通俗易懂，采用实际工程案例进行分析、讲解，书后附有实验指导书、课程设计指导书、课程设计任务书，同时针对以往在组织教学时，有些课程重复介绍可编程控制器相关知识的情况，在本书中较全面、系统地介绍了可编程控制器及其应用技术。

本书既可作为本科或高职高专院校相关专业的教材，也可供工程技术人员使用。免费提供的配套资源有电子课件、习题答案、应用案例、课程学习步骤等。选用本书作教材的老师可登录 http://www.cmpedu.com 下载。

本书由三部分组成。第一部分由第1章和第2章组成，介绍电气控制中常用的低压电器、典型控制电路、典型电气控制系统分析和设计方法。第二部分由第3~6章组成，介绍可编程控制器基础、以西门子公司S7-1200 PLC为重点介绍西门子S7系列可编程控制器的结构原理、指令系统及其应用、控制系统程序分析和设计方法。第三部分即第7章，主要针对可编程控制器的通信问题，简单介绍S7-1200的PROFINET通信、PROFIBUS通信、S7通信和WEB服务器与通信处理器。其中，本书的第二部分可以单独作为S7-1200 PLC教材使用。

本书由华北水利水电大学陈建明和白磊担任主编，马强、郭香静、王成凤担任副主编，何小可、赵明明、段爱霞、王亚辉参编。其中，第1章和第2章的2.1、2.2节由郭香静和王成凤编写；第3、4、6章和第5章5.1节由白磊和陈建明编写；第2章2.3节和第5章5.2节由何小可和赵明明编写；第7章由马强编写；S7-1200 PLC指令集、实验指导书、课程设计指导书和课程设计任务书由段爱霞、王亚辉编写；全书图、表和程序代码由王成凤负责；陈建明负责全书统稿、定稿。

在编写本书过程中，编者参考了兄弟院校的资料及其他相关教材，并得到许多同仁的关心和帮助，在此谨致谢意。限于篇幅及编者的业务水平，在内容上若有局限和欠妥之处，竭诚希望同行和读者提出宝贵的意见。

编　者

目　　录

第 1 章

常用低压电器

本章简要介绍低压电气控制中继电器接触控制的基本知识，重点讲解接触器、继电器、按钮、开关等低压电器的结构、原理、符号和选择方法，以及各种器件在控制电器中所起的作用。

本章主要内容：

- 常用的低压控制电器
- 控制电器的选用原则

核心是掌握接触器、继电器、断路器、按钮开关、主令电器等常规控制电器的动作特点，并能够正确选择使用。

1.1　概述

电器是接通和断开电路或调节、控制和保护电路及电气设备用的电工器具。随着科技进步与经济发展，电能的应用越来越广泛，电器对电能的生产、输送、分配与应用起着控制、调节、检测和保护的作用。在电力输配电系统和电力拖动自动控制系统中应用极为广泛。

随着电子技术、自动控制技术和计算机应用的迅猛发展，一些电器元件可能被电子线路所取代，但是由于电器元件本身也朝着新的领域发展（表现在提高元件的性能、生产新型的元件，实现机、电、仪一体化，扩展元件的应用范围等），且有些电器元件有其特殊性，故不可能完全被取代。以继电器、接触器为基础的电气控制技术具有相当重要的地位。可编程控制器（PLC）是计算机技术与继电器、接触器控制技术相结合的产物，其输入输出与低压电器密切相关。掌握继电器控制技术也是学习和掌握 PLC 应用技术必须的基础。

1.1.1　电器的分类

电器的功能多、用途广、品种规格繁多，为了系统地掌握，必须加以分类。

1. 按工作电压等级分

（1）高压电器　用于 AC 1200V、DC 1500V 及以上电路中的电器，例如高压断路器、高压隔离开关、高压熔断器等。

（2）低压电器　用于 AC 1200V、DC 1500V 及以下的电路内起通断、保护、控制或调节作用的电器（简称电器），例如接触器、继电器等。

2. 按动作原理分

（1）手动电器　通过人的操作发出动作指令的电器，例如刀开关、按钮等。

（2）自动电器　产生电磁吸力而自动完成动作指令的电器，例如接触器、继电器、电磁阀等。

3．按用途分

（1）控制电器　用于各种控制电路和控制系统的电器，例如接触器、继电器、电动机起动器等。

（2）配电电器　用于电能的输送和分配的电器，例如高压断路器等。

（3）主令电器　用于自动控制系统中发送动作指令的电器，例如按钮、转换开关等。

（4）保护电器　用于保护电路及用电设备的电器，例如熔断器、热继电器等。

（5）执行电器　用于完成某种动作或传送功能的电器，例如电磁铁、电磁离合器等。

1.1.2　电力拖动自动控制系统中常用的低压控制电器

1．接触器

（1）交流接触器　采用交流励磁，主触点接通、切断交流主电路。

（2）直流接触器　采用直流励磁，主触点接通、切断直流主电路。

2．继电器

（1）电磁式电压继电器　当电路中电压达到预定值时而动作的继电器。

（2）电磁式电流继电器　根据输入线圈电流大小而动作的继电器。

（3）电磁式中间继电器　用于自动控制装置中，以扩大被控制的电路和提高接通能力。

（4）空气阻尼式时间继电器　利用空气阻尼原理获得延时目的。

（5）电动式时间继电器　利用同步电机、减速机构和电磁离合器实现延时目的。

（6）电子式时间继电器　又称半导体时间继电器，利用 RC 电路电容充放电原理实现延时。

（7）热继电器　具有过载保护的过电流继电器。

（8）速度继电器　是一种以转速为输入量的非电信号检测电器，能在被测转速升或降至某一预先设定的动作时输出开关信号。

3．保护电器

（1）熔断器　用于低压配电系统及用电设备中做短路和过电流保护，有瓷插式、螺旋式、有填料密闭管式、无填料密闭管式、快速熔断式、自复式等。

（2）低压断路器　发生严重的过载或短路及欠电压等故障时能自动切断电路。有框架式断路器、塑料外壳式断路器、快速直流断路器、限流式断路器和剩余电流动作保护器等。

（3）剩余电流动作保护器　当低压电网发生人身触电或设备漏电时，剩余电流动作保护器能迅速自动切断电源，从而避免造成事故。

4．指令电器

（1）按钮、刀开关等　按钮在低压控制电路中用于手动发出控制信号；刀开关用作电路的电源开关和小容量电动机非频繁起动的操作开关。

（2）位置开关　将运动部件的位移变成电信号以控制运动的方向或行程，有直动式、滚动式和微动式三种。

1.1.3　我国低压控制电器的发展概况

低压电器主要指低压配电系统和控制系统中起开关、控制、指示、保护和报警等作用的原件或者装置。低压电器品种及规格繁多，应用领域广泛。总的来说，低压电器可以分为配电电器和控制电器两大类，是成套电气设备的基本组成元件。在工业、农业、交通、国防以及用电部门中，大多数采用低压供电，因此电器元件的质量将直接影响低压供电系统的可靠性。

我国低压电器经历了从无到有的发展过程。20 世纪 50 年代前，我国的低压电器工业基本上是一片空白，从 1953~1957 年试制成功低压断路器、接触器等 12 大类，几百种产品，20 世纪 60 年代大功率半导体器件与有触头电器相互结合协调发展。

目前我国低压电器产品约 1000 多个系列，生产企业 1000 多家，产值约 200 亿元，市场销售的产品可谓"三代同堂"。第一代产品：20 世纪 60~70 年代初，仅有 17 个系列，自行开发，填补我国低压电器工业空白；第二代产品：20 世纪 70 年代末~80 年代，产品进入更新换代的时期，分自行开发、技术引进、达标攻关三条线进行，开发新产品技术指标明显提高，保护特性较完善，体积缩小，适应成套装置要求；第三代产品：20 世纪 90 年代，抓住主要产品系列，跟踪国外先进技术，开发生产高性能、小型化、电子化、智能化、组合化、模块化、多功能化产品。

我国低压电器经过 60 多年发展，目前已形成比较完善的体系，品种、规格、性能、产量上基本满足国民经济的发展需要。同时先进技术的引进，加快了新产品问世，从德国 BBC 公司、AEG 公司和美国西屋公司引进的 ME 系列低压断路器、B 系列交流接触器、T 系列热继电器、NT 和 NGT 系列熔断器等产品制造技术，基本上实现了国产化，有的产品还返销到国外。我国开发生产的大容量智能化的"万能式断路器"，DW45 系列分别有智能型、多功能型和一般型。CJ45 系列交流接触器，电流等级分别有 9~800A、12~14 个规格，采用积木模块化结构。模块包括辅助触点、延时、机械联锁、过电压保护、节能、通信接口等。智能型电子式继电器带有通信接口，并能与第三代交流接触器组合成智能型起动器。

进入 21 世纪，我国已开发出第四代系列产品，我国的低压电器如何适应新形势，如何跟上发达国家的先进水平，如何更好地满足我国现代化发展的需要，这是一个重大的课题。新世纪发展指导思想，应考虑我国低压电器现状、国外新技术发展趋势以及面临的市场需要等。外国产品大量进入中国电器市场，带来一定的冲击。目前外国产品占领我国高档产品市场达 80% 以上，并向中档市场渗透。随着全球一体化趋势的进程加速，更进一步促进了外国产品的进入。所以必须完善我国第三代、加速第四代高性能产品开发，尽快完善产品系列，加大我国产品的推广力度，明显提高产品可靠性和外观质量。具体体现在提高电器元件的性能，大力发展机电一体化产品，研制开发智能化电器、电动机综合保护电器、有触点和无触点的混合式电器、模数化终端组合电器和节能电器。模数化终端组合电器是一种安装终端电器的装置，主要特点是实现了电器尺寸模数化、安装轨道化、外形艺术化和使用安全化，是理想的新一代配电装置。过程控制、生产自动化、配电系统及智能化楼宇等场合采用现场总线系统，对低压电器提出了可通信的要求。现场总线系统的发展与应用将从根本上改变传统的低压配电与控制系统及其装置，给传统低压电器带来改革性变化。发展智能化可通信低压电器势在必行，其产品的特征是：①产品中装有微处理器；②产品带有通信接口，能与现场总线连接；③采用标准化结构，具有互换性，采用模数化结构；④保护功能齐全，具有外部故障记录显示、内部故障自诊断、进行双向通信等。

低压电器智能化、网络化、数字化是未来发展方向，但对低压电器系统集成和整体解决方案也提出了更高要求。在系统集成与总体方案上领先一步，就有可能在市场竞争中步步领先。为此，应在以下几个方面开展深入研究：① 低压配电系统典型方案和各类低压断路器选用原则和性能协调研究；② 低压配电与控制网络系统研究，包括网络系统、系统整体解决方案、各类可通信低压电器，以及其他配套元件选用和相互协调配合；③ 配电系统过电流保护整体解决方案，其目标是在极短时间内实现全范围、全电流选择性保护；④ 配电系统（包括新能源系统）过电压保护整体解决方案；⑤ 各类电动机起动、控制与保护整体解决方案；⑥ 双电源系统自动转换开关电器选用整体解决方案。

低压电器智能化要求应用智能制造技术和装备，建立包括关键部件自动生产线、低压电器自动检测线、低压电器自动装备线等。新一代高性能配电系统的智能化万能式断路器、智能化节能型交流接触器、智能化高分断塑壳断路器、选择性保护家用断路器、自动转换开关、整体式智能控制与保护电器、双馈风力发电变流器、浪涌保护器（Surge Protection Device，SPD）、智能电网终端用户设备等技术，将得到政府与市场的有力支持，使我国低压行业能尽快与国际领先技术接轨。

1.2 接触器

接触器是一种用于频繁地接通和断开交、直流主电路及大容量控制电路的自动切换电器，在电力拖动和自动控制系统中大量使用，且涉及面广。在功能上，接触器除能自动切换外，还具有一般手动开关所不能实现的远距离操作功能和欠（零）电压保护功能。在 PLC 控制系统中，接触器常作为输出执行元件，用于控制电动机、电热设备、电焊机、电容器组等负载。

1.2.1 接触器的结构和工作原理

接触器由电磁系统（动铁心、静铁心、线圈）、触点系统（常开触点和常闭触点）和灭弧装置组成。其原理是当接触器的电磁线圈通电后，会产生很强的磁场，使静铁心产生电磁吸力吸引衔铁，并带动触点动作：常闭触点（也称动断触点）断开，常开触点（也称动合触点）闭合，两者是联动的。当线圈断电时，电磁吸力消失，衔铁在释放弹簧的作用下释放，使触点复原：常闭触点闭合，常开触点断开。接触器结构简图如图 1-1 所示。

1. 电磁系统

电磁系统主要由线圈、静铁心和动铁心（衔铁）组成，电磁系统的作用是将电磁能转换成机械能，产生电磁吸力克服弹簧反力吸引衔铁吸合，衔铁进而带动动触点动作与静触点闭合或分开，从而实现电路接通或断开。线圈失电或线圈两端电压显著降低时，电磁吸力小于弹簧反力，使得衔铁释放，触点机构复位。

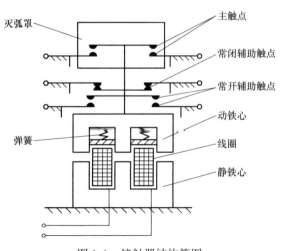

图 1-1 接触器结构简图

作用在衔铁上的力有两个：电磁吸力与反力。电磁吸力由电磁机构产生，反力则由释放弹簧和触点弹簧所产生。电磁系统的工作情况常用吸力特性和反力特性来表示。为了保证使衔铁能牢牢吸合，反作用力特性必须与吸力特性配合好，吸力特性要大于反力特性，如图1-2所示。

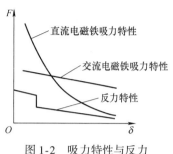

图1-2　吸力特性与反力特性的配合

2. 触点系统

触点（也称触头）是接触器的执行元件，用来接通或断开被控制电路。触点系统包括动触点、静触点及其有关导体部件以及弹性元件、紧固件和绝缘件等所有的结构零件所组成的电器部分。

触点按其所控制的电路可分为主触点和辅助触点。主触点用于接通或断开主电路，允许通过较大的电流；辅助触点用于接通或断开控制电路，只能通过较小的电流。

触点按其原始状态可分为常开触点和常闭触点：原始状态（即线圈未通电）断开，线圈通电后闭合的触点叫常开触点；原始状态闭合，线圈通电后断开的触点叫常闭触点（线圈断电后所有触点复原）。

3. 灭弧装置

当触点由闭合状态过渡到断开状态的过程中产生电弧。电弧是气体自持放电形式之一，是一种带电粒子的急流。

电弧的危害：一是电弧中有大量的电子、离子，因而是导电的，电弧不熄灭，电路继续导通，只有电弧熄灭后电路才正式断开，因而使电路切断时间延长；二是电弧的温度很高，弧心温度达4000～5000℃甚至更高，高温电弧会灼伤触点，缩短触点寿命；三是弧光放电可能造成极间短路，烧坏电器，甚至引起火灾等严重事故。

为保证电路和电器元件安全可靠地工作，必须采取有效的措施进行灭弧。要使电弧熄灭，应设法降低电弧的温度和电场强度。常用的灭弧装置有电动力灭弧、灭弧栅灭弧和磁吹灭弧。

4. 接触器的工作原理

接触器的图形符号、文字符号如图1-3所示。主触点通常只有常开而无常闭，常开主触点和常开辅助触点在图形符号上没有区别，区别在于所处位置不同，主触点位于主电路中，起控制负载通断作用，而辅助触点位于控制电路中，起逻辑控制作用。

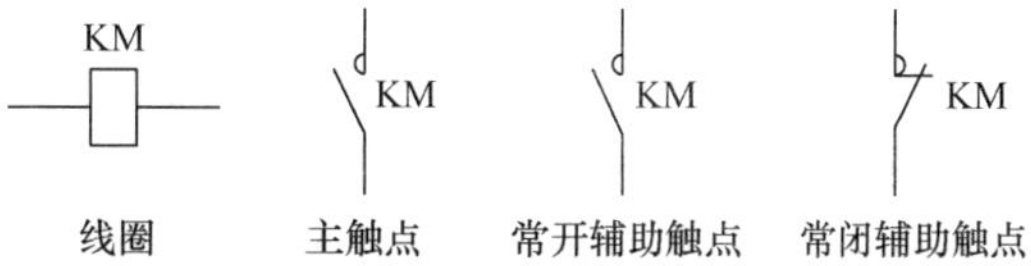

当电磁线圈通电后，线圈电流产生磁场，使静铁心产生电磁吸力吸引衔铁，并带动触点动作：常闭触点断开，常开触点闭合，两者是联动的。当线圈断电时，电磁吸力消失，衔铁在释放弹簧的作用下释放，使触点复原：常开触点断开，常闭触点闭合。

KM

|线圈|主触点|常开辅助触点|常闭辅助触点|

图1-3　接触器的图形、文字符号

1.2.2　交、直流接触器的特点

接触器按其主触点所控制主电路电流的种类，可分为交流接触器和直流接触器两种。

1. 交流接触器

交流接触器线圈通以交流电，主触点接通、分断交流主电路。

当交变磁通穿过铁心时，将产生涡流和磁滞损耗，使铁心发热。为减少铁损，铁心用硅钢片冲压而成。为便于散热，线圈做成短而粗的圆筒状绕在骨架上。

由于交流接触器铁心的磁通是交变的，故当磁通过零时，电磁吸力也为零，吸合后的衔铁在反力弹簧的作用下将被拉开，磁通过零后电磁吸力又增大，当吸力大于反力时，衔铁又被吸合。这样，交流电源频率的变化，使衔铁产生强烈振动和噪声，甚至使铁心松散。因此交流接触器铁心端面上都安装一个铜制的短路环。短路环包围铁心端面约 2/3 的面积，如图 1-4 所示。

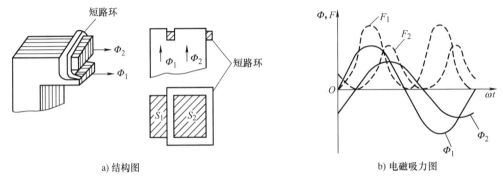

a) 结构图　　　　　　　　　　　　b) 电磁吸力图

图 1-4　交流接触器铁心的短路环

当交变磁通穿过短路环所包围的截面积 S_2 在环中产生涡流时，根据电磁感应定律，此涡流产生的磁通 Φ_2 在相位上落后于短路环外铁心截面 S_1 中的磁通 Φ_1，由 Φ_1、Φ_2 产生的电磁吸力为 F_1、F_2，作用在衔铁上的合成电磁吸力是 $F_1 + F_2$，只要此合力始终大于其反力，衔铁就不会产生振动和噪声。

交流接触器通常采用灭弧罩和灭弧栅进行灭弧。

2. 直流接触器

直流接触器线圈通以直流电流，主触点接通、切断直流主电路。

直流接触器的线圈通以直流电，铁心中不会产生涡流和磁滞损耗，所以不会发热。为方便加工，铁心用整块钢制成。为使线圈散热良好，通常将线圈绕制成长而薄的圆筒状。

对于 250A 以上的直流接触器往往采用串联双绕组线圈，直流接触器双绕组线圈接线图如图 1-5 所示。图中，线圈 1 为起动线圈，线圈 2 为保持线圈，接触器的一个常闭辅助触点与保持线圈并联连接。在电路刚接通瞬间，保持线圈被常闭触点短接，可使起动线圈获得较大的电流和吸力。当接触器动作后，常闭触点断开，两线圈串联通电，由于电源电压不变，所以电流减小，但仍可保持衔铁吸合，因而可以节电和延长电磁线圈的使用寿命。

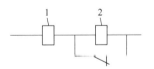

图 1-5　直流接触器双绕组线圈接线图

直流接触器灭弧较困难，一般采用灭弧能力较强的磁吹灭弧装置。

1.2.3 接触器的型号与参数及其选用

1. 接触器的型号与参数

接触器的型号与参数含义如下：

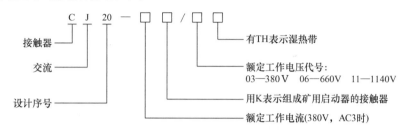

接触器
交流
设计序号
有TH表示湿热带
额定工作电压代号:
03—380V 06—660V 11—1140V
用K表示组成矿用启动器的接触器
额定工作电流(380V, AC3时)

2. 接触器选用原则

接触器在选用时，可遵循以下原则：

（1）额定电压 接触器的额定电压是指主触头的额定电压，应等于负载的额定电压。通常电压等级分为交流接触器380V、660V及1140V；直流接触器220V、440V、660V。

（2）额定电流 接触器的额定电流是指主触点的额定电流，应等于或稍大于负载的额定电流（按接触器设计时规定的使用类别来确定）。

（3）电磁线圈的额定电压 电磁线圈的额定电压等于控制回路的电源电压，通常电压等级分为交流线圈36V、127V、220V、380V；直流线圈24V、48V、110V、220V。

使用时，一般交流负载用交流接触器，直流负载用直流接触器，但对于频繁动作的交流负载，可选用带直流电磁线圈的交流接触器。

1.3 继电器

继电器是一种电子控制器件，在电路中主要起自动调节、安全保护、转换电路等作用。当输入量变化到某一定值时，继电器动作，其触点接通或断开交、直流小容量的控制回路。

继电器有多种分类方法，下面按照其工作原理或结构特征介绍几种常用的继电器。

1.3.1 电磁式继电器

常用的电磁式继电器有电压继电器、中间继电器和电流继电器。

1. 电磁式继电器的结构与工作原理

电磁式中间继电器的结构和工作原理与接触器相似，是由电磁系统、触点系统和复位弹簧等组成，电磁式继电器原理如图1-6所示。由于继电器用于控制电路，所以流过触点的电流比较小，不需要灭弧装置。电磁式中间继电器的图形及文字符号如图1-7所示。

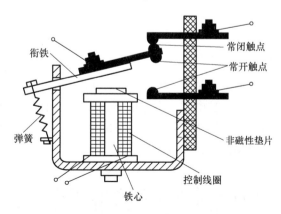

衔铁
弹簧
铁心
常闭触点
常开触点
非磁性垫片
控制线圈

图1-6 电磁式继电器原理

2. 电磁式继电器的特性

继电器的主要特性是输入-输出特性，又称继电特性，继电特性曲线如图 1-8 所示。

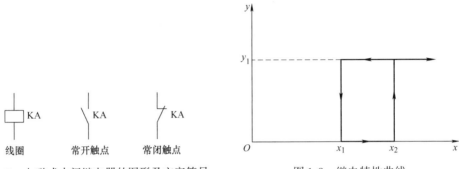

图 1-7　电磁式中间继电器的图形及文字符号　　　　图 1-8　继电特性曲线

当继电器输入量 x 由零增至 x_2 以前，继电器输出量 y 为零。当输入量增加到 x_2 时，继电器吸合，输出量为 y_1，若 x 再增大，y_1 值保持不变。当 x 减小到 x_1 时，继电器释放，输出量由 y_1 降到零，x 再减小，y 值均为零。

在图 1-8 中，x_2 称为继电器吸合值，欲使继电器吸合，输入量必须等于或大于 x_2；x_1 称为继电器释放值，欲使继电器释放，输入量必须等于或小于 x_1。

x_1/x_2 称为继电器的返回系数（令 $k = x_1/x_2$），它是继电器的重要参数之一，可通过调节释放弹簧的松紧程度或调整铁心与衔铁间非磁性垫片的厚度来达到。

3. 电磁式继电器的型号与参数

电磁式继电器的型号与参数含义如下：

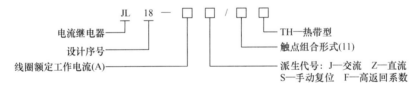

4. 电磁式继电器的选用

电磁式继电器选用时主要根据保护或控制对象对继电器的要求，考虑触点数量、种类、返回系数以及控制电路的电压、电流、负载性质等来选择。

1.3.2　热继电器

热继电器是利用电流流过热元件时产生的热量，使双金属片发生弯曲而推动执行机构动作的一种保护电器。主要用于交流电动机的过载保护、断相及电流不平衡运行的保护及其他电器设备发热状态的控制。热继电器还常和交流接触器配合组成电磁起动器，广泛用于三相异步电动机的长期过载保护。

1. 热继电器结构与工作原理

如图 1-9 所示，热继电器由电热丝、双金属片、导板、测试杆、推杆、动触片、静触片、弹簧、螺钉、复位按钮和整定旋钮等组成。只有流过发热元件的电流超过发热元件额定电流值并达到一定时间后，内部机构才会动作，使常闭触点断开（或常开触点闭合），电流越大，动作时间越短。

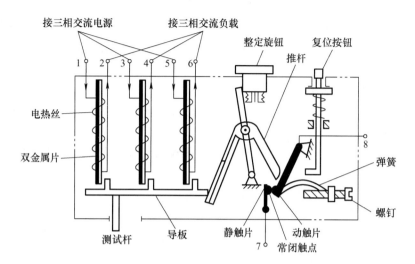

图1-9　热继电器原理

热元件由发热电阻丝做成，双金属片由两种热膨胀系数不同的金属辗压而成。当双金属片受热时，会出现弯曲变形。使用时，把热元件串接于电动机的主电路中，而常闭触点串接于电动机的控制电路中。热继电器的图形及文字符号如图1-10所示。

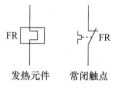

图1-10　热继电器图形
及文字符号

2. 热继电器的型号与参数

热继电器的型号与参数含义如下：

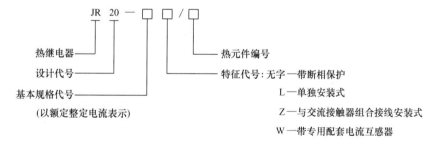

3. 热继电器的选用

热继电器在选用时，可遵循以下原则：

1）在大多数情况下，可选用两相热继电器。对于三相电压均衡性较差、无人看管的三相电动机，或与大容量电动机共用一组熔断器的三相电动机，应该选用三相热继电器。

2）热继电器的额定电流应大于负载的额定电流。

3）热继电器发热元件的额定电流应略大于负载的额定电流。

4）热继电器的整定电流一般与电动机的额定电流相等。对于过载容易损坏的电动机，整定电流可调小一些；对于起动时间较长或带冲击性负载的电动机，所接热继电器的整定电流可稍大。

1.3.3　时间继电器

时间继电器是一种延时控制继电器，它在得到动作信号后（线圈的通电或断电）并不是立即让触点动作，而是延迟一段时间才让触点动作（触点的闭合或断开）。时间继电器主要用在各种自动控制系统和电动机的起动控制电路中。

时间继电器的延时方式有两种：

通电延时：接受输入信号后延迟一定的时间，输出信号才发生变化。当输入信号消失后，输出瞬时复原。

断电延时：接受输入信号时，瞬时产生相应的输出信号。当输入信号消失后，延迟一定的时间，输出才复原。

时间继电器的图形及文字符号如图 1-11 所示。

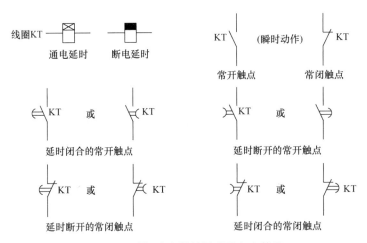

图 1-11　时间继电器的图形及文字符号

时间继电器的种类很多，常用的有空气阻尼式、电动机式、电子式等。

1. 空气阻尼式时间继电器

空气阻尼式时间继电器是利用空气阻尼作用而达到延时的目的。它由电磁机构、延时机构和触点组成。

空气阻尼式时间继电器的电磁机构有交流、直流两种。通过改变电磁机构位置，将电磁铁翻转 180° 安装来实现通电延时和断电延时的转换。空气阻尼式时间继电器原理如图 1-12 所示，触点包括延时触点（图中的开关 1）和瞬时触点（图中的开关 2）。

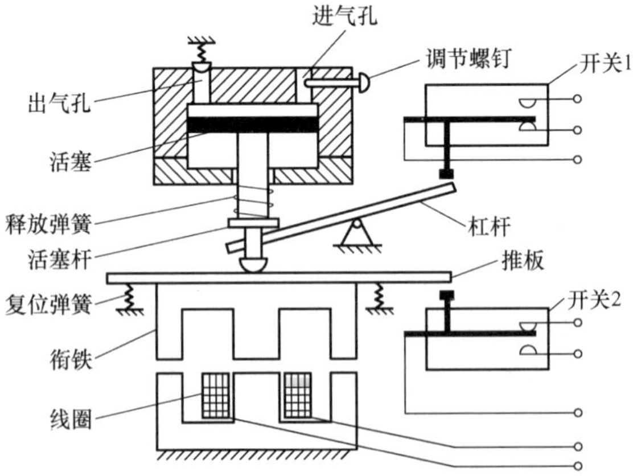

图 1-12　空气阻尼式时间继电器原理

2. 电动机式时间继电器

它由同步电动机、减速齿轮机构、电磁离合系统及执行机构组成，电动机式时间继电器延时时间长，可达数十小时，延时精度高，但结构复杂、体积较大。

3. 电子式时间继电器

随着电子技术的发展，半导体时间继电器也迅速发展。它是利用延时电路来进行延时的，这类时间继电器体积小、延时范围大、延时精度高、寿命长，已得到广泛应用。

4. 时间继电器的选用

在选用时间继电器时，一般可遵循下面的规则：

1）根据受控电路的需要来决定选择时间继电器是通电延时型还是断电延时型。

2）根据受控电路的电压来选择时间继电器电磁线圈的电压。

3）若对延时精度要求高，则可选择电子式时间继电器或电动机式时间继电器；若对延时精度要求不高，则可选择空气阻尼式时间继电器。

4）在电源电压波动大的场合，宜采用非电子式；在温度变化较大场合，宜采用电子式。

总之，选用时除了考虑延时范围、精度等条件外，还要考虑控制系统对可靠性、经济性、工艺安装尺寸等要求。

1.3.4 速度继电器

速度继电器的作用是依靠速度大小为信号与接触器配合，实现对电动机的反接制动。故速度继电器又称反接制动继电器。速度继电器的结构原理如图1-13所示。

速度继电器的轴与电动机的轴连接在一起，轴上有圆柱形永久磁铁，永久磁铁的外边套着嵌着笼型绕组可以转动一定角度的外环。

当速度继电器由电动机带动时，它的永久磁铁的磁通切割外环的笼型绕组，在其中感应电动势与电流。此电流又与永久磁铁的磁通相互作用产生作用于笼型绕组的力而使外环转动。和外环固定在一起的支架上的顶块使常闭触点断开，使常开触点闭合。速度继电器外环的旋转方向由电动机确定，因此，顶块可向左拨动触点，也可向右拨动触点使其动作。当速度继电器轴的速度低于某一转速时，顶块便恢复原位，处于中间位置。

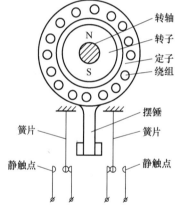

图1-13　速度继电器结构原理

速度继电器的图形及文字符号如图1-14所示。速度继电器额定工作转速有300～1000r/min与1000～3000r/min两种。动作转速在120r/min左右，复位转速在100r/min以下。

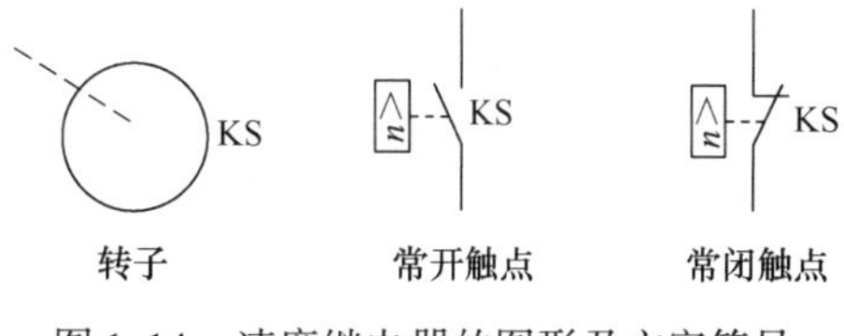

图1-14　速度继电器的图形及文字符号

速度继电器根据电动机的额定转速进行选择。使用时，速度继电器的转轴应与电动机同轴连接，安装接线时，正反向的触点不能接错，否则不能起到反接制动时接通和分断反向电源的作用。

1.4 熔断器

熔断器是根据电流超过规定值一段时间后，以其自身产生的热量使熔体熔化，从而使电路断开的一种电流保护器。熔断器广泛应用于高低压配电系统和控制系统以及用电设备中，作为短路和过电流的保护器，是应用最普遍的保护器件之一。

1.4.1 熔断器的结构与工作原理

熔断器主要由熔体（俗称保险丝）和安装熔体的熔管（或熔座）两部分组成。熔体由熔点较低的材料如铅、锡、锌或铅锡合金等制成，通常制成丝状或片状。熔管是装熔体的外壳，由陶瓷、绝缘钢纸或玻璃纤维制成，在熔体熔断时兼有灭弧作用。

1. 安-秒特性

熔断器的熔体串联在被保护电路中。当电路正常工作时，熔体允许通过一定大小的电流而长期不熔断；当电路严重过载时，熔体能在较短时间内熔断；而当电路发生短路故障时，熔体能在瞬间熔断。熔断器的特性可用通过熔体的电流和熔断时间的关系曲线来描述，如图 1-15 所示。它是反时限特性曲线。因为电流通过熔体时产生的热量与电流的二次方和电流通过的时间成正比，因此电流越大，熔体熔断时间越短。这一特性又称为熔断器的安-秒特性。在特性中，有一个熔断电流与不熔断电流的分界

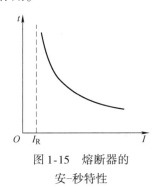

图 1-15 熔断器的安-秒特性

线，与此相应的电流称为最小熔断电流 I_R。熔体在额定电流下，绝不应熔断，所以最小熔断电流必须大于额定电流。

2. 极限分断能力

通常是指在额定电压及一定的功率因数（或时间常数）下切断短路电流的极限能力，常用极限断开电流值（周期分量的有效值）来表示。熔断器的极限分断能力必须大于电路中可能出现的最大短路电流。

熔断器的图形及文字符号如图 1-16 所示。

图 1-16 熔断器的图形及文字符号

1.4.2 熔断器的型号与参数

熔断器的型号及参数含义如下：

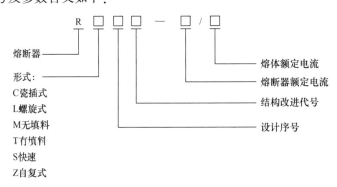

1.4.3 熔断器的选用

熔断器用于不同性质的负载，其熔体额定电流的选用方法也不同。

1. 熔断器的选择

1）熔断器类型应根据电路的要求、使用场合和安装条件选择。

2）熔断器额定电压应大于或等于电路的工作电压。

3）熔断器额定电流必须大于或等于所装熔体的额定电流。

2. 熔体额定电流的选择

1）对于电炉、照明等电阻性负载的短路保护，熔体的额定电流等于或稍大于电路的工作电流。

2）在配电系统中，通常有多级熔断器保护，发生短路故障时，远离电源端（靠近负载端）的前级熔断器应先熔断。所以一般后一级熔体的额定电流比前一级熔体的额定电流至少大一个等级，以防止熔断器越级熔断而扩大停电范围。

3）保护单台笼型交流异步电动机时，考虑到电动机受起动电流的冲击，可按下式选择：

$$I_{RN} = (1.5 \sim 2.5)I_N \tag{1-1}$$

式中，I_{RN} 为熔体的额定电流（A）；I_N 为电动机的额定电流（A）。

4）保护多台笼型交流异步电动机，可按下式选择：

$$I_{RN} = (1.5 \sim 2.5)I_{Nmax} + \sum I_N \tag{1-2}$$

式中，I_{Nmax} 为容量最大的一台电动机的额定电流（A）；$\sum I_N$ 为其余电动机额定电流之和（A）。

1.5 刀开关与断路器

1.5.1 胶壳刀开关

胶壳刀开关是一种结构简单、应用广泛的手动电器，用于电路的电源开关和小容量电动机的非频繁起动。胶壳刀开关由操作手柄、熔丝、动/静触点、进/出线座和底座组成，其结构如图1-17所示。其中胶壳使电弧不致飞出灼伤人员，防止极间电弧造成的电源短路；熔丝起短路保护作用。

刀开关安装时，手柄要向上，不得倒装或平装。倒装时，手柄有可能因自动下滑而引起误合闸，造成事故。接线时，应将电源线接在上端，负载接在熔丝下端。这样，拉闸后刀开关与电源隔离，便于更换熔丝。

带熔丝刀开关的图形及文字符号如图1-18所示。

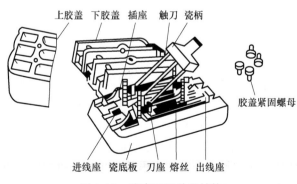

图1-17　胶壳刀开关的结构

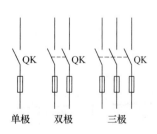

图1-18　带熔丝刀开关的图形及文字符号

刀开关的主要技术参数有：长期工作所承受的最高电压——额定电压，长期通过的最大允许电流——额定电流，以及分断能力等。

1.5.2 低压断路器

低压断路器俗称空气开关或自动开关。它相当于刀开关、熔断器、热继电器、过电流继电器和欠电压继电器的组合，是一种既有手动开关作用又能自动进行欠电压、失电压、过载和短路保护的电器。它是低压配电网络中非常重要的保护电器，在正常条件下，也可用于不频繁地接通和分断电路及不频繁地起动电动机。低压断路器与接触器不同的是：接触器允许频繁地接通和分断电路，但不能分断短路电流；而低压断路器不仅可分断额定电流、一般故障电流，还能分断短路电流，但单位时间内允许的操作次数较低。

1. 断路器结构与工作原理

低压断路器主要由触点系统、操作机构、保护元件和灭弧系统四部分组成，不仅可以接通和分段正常负载电流、工作电流及过载电流，还可以接通和分断短路电流，具有过载、过电流、短路、断相、失电压和欠电压保护作用，有些产品还具有漏电保护功能。低压断路器工作原理如图 1-19 所示。

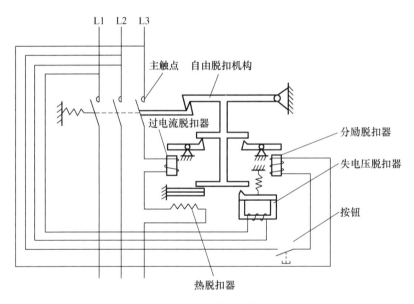

图 1-19 低压断路器工作原理

过电流脱扣器、欠电压脱扣器和热脱扣器实质都是电磁铁，在正常情况下，过电流脱扣器的衔铁是释放的，电路一旦发生严重过载或短路故障时，与主电路相串联的线圈将产生较强的电磁吸力吸引衔铁，从而推动杠杆顶开锁钩，使主触点断开。失电压脱扣器的工作情况恰恰相反，在电压正常时，吸住衔铁才不影响主触点的闭合，一旦电压严重下降或断电时，电磁吸力不足或消失，衔铁被释放而推动杠杆，使主触点断开。在电路发生轻微过载时，过载电流不会立即使脱扣器动作，但热脱扣器能使热元件产生一定的热量，促使双金属片受热

向上弯曲，当持续过载时双金属片推动杠杆使搭钩与锁钩脱开，将主
触点分开。分励脱扣器可作为远距离控制断路器分断之用。

低压断路器的图形及文字符号如图1-20所示。

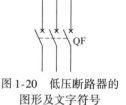

图1-20 低压断路器的
图形及文字符号

2. 低压断路器的型号与参数

低压断路器的型号与参数含义如下：

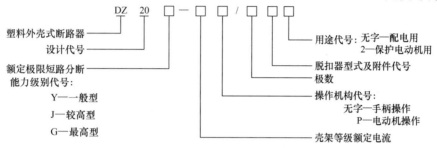

3. 低压断路器的选用

1）断路器的额定电压和额定电流应大于或等于电路、设备的正常工作电压和工作电流。

2）断路器的极限分断能力应大于或等于电路最大短路电流。

3）欠电压脱扣器的额定电压应等于电路的额定电压。

4）过电流脱扣器的额定电流应大于或等于电路的最大负载电流。

1.5.3 剩余电流动作保护器

剩余电流动作保护器一般由三个主要部件组成：一是检测漏电流大小的零序电流互感器；二是能将检测到的漏电流与一个预定基准值相比较，从而判断是否动作的漏电脱扣器；三是受漏电脱扣器控制的能接通、分断被保护电路的开关装置。目前常用的剩余电流动作保护器根据其结构不同可分为电子式和电磁式两种。

1. 剩余电流动作保护器结构与工作原理

电磁式剩余电流动作保护器由开关装置、试验回路、电磁式漏电脱扣器和零序电流互感器组成，其工作原理如图1-21所示。
电磁式剩余电流动作保护器的特点是把漏电电流直接通过漏电脱扣器来操作开关装置。

当电网正常运行时，不论三相负载是否平衡，通过零序电流互感器主电路的三相电流的相量和都会等于零，因此其二次绕组中无感应电动势，剩余电流动作保护器也工作于闭合状态。一旦电网中发生漏电或触电事故时，上述三相电流的相量和不再等于零，因为有漏电或触电电流通过人体和大地而返回变压器中性点。于是，互感器二次绕组中便

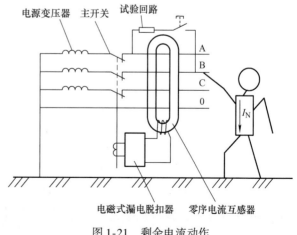

图1-21 剩余电流动作
保护器工作原理

15

产生感应电压加到漏电脱扣器上。当达到额定漏电动作电流时，漏电脱扣器就动作，推动开关装置的锁扣，使开关断开，分断主电路。

2. 剩余电流动作保护器的选用

（1）剩余电流动作保护器的主要技术参数

1）额定电压（V）。指剩余电流动作保护器的使用电压，规定为 220V 或 380V。

2）额定电流（A）。被保护电路允许通过的最大电流。

3）额定动作电流（mA）。在规定的条件下，必须动作的漏电电流值。当漏电电流等于或大于此值时，剩余电流动作保护器必须动作。

4）额定不动作电流（mA）。在规定的条件下，不动作的漏电电流值。当漏电电流小于或等于此值时，保护器不应动作。此电流值一般为额定动作电流的一半。

5）动作时间（s）。从发生漏电到保护器动作断开的时间。快速型在 0.2s 以下，延时型一般为 0.2~2s。

（2）剩余电流动作保护器的选用

1）手持电动工具、移动电器、家用电器应选用额定漏电动作电流不大于 30mA 的快速动作的剩余电流动作保护器（动作时间不大于 0.1s）。

2）单台机电设备可选用额定漏电动作电流为 30mA 及以上、100mA 以下快速动作的剩余电流动作保护器。

3）有多台设备的总保护应选用额定漏电动作电流为 100mA 及以上快速动作的剩余电流动作保护器。

1.5.4 智能断路器

传统的断路器保护功能是利用热磁效应原理，通过机械系统的动作来实现的。智能断路器则是采用了以微处理器或单片机为核心的智能控制器（智能脱扣器）。它不仅具备普通断路器的各种保护功能，同时还具备定时显示电路中的各种电器参数（电流、电压、功率、功率因数等），对电路进行在线监视、自行调节、测量、试验、自诊断、可通信等功能，还能够对各种保护功能的动作参数进行显示、设定和修改，保护电路动作时的故障参数能够存储在非易失存储器中以便查询。智能断路器原理框图如图 1-22 所示。

智能断路器的特点如下：

1）以塑料绝缘体作壳体，将导体之间以及接地部分有效隔离，确保智能断路器的安全性。产品整体采用优化的结构设计，所有的零件都密封于壳体内，结构紧凑，内部精密零部件合理的配合，再加上合理的选材，组成一个电力系统的基础元件。

2）拥有多种保护功能，在电源电路或者电气设备发生严重过载、短路、缺相、过/欠电压等故障情况，智能断路器可以对电源电路、电气设备提供保护的功能。如果电路发生漏电，对设备与人的安全性有着很大的影响，而智能断路器还具有漏电保护的功能，在电路发生漏电的情况下，切断漏电电路，保证人与设备的安全。

3）具有智能操作的功能，能根据电网信息和操作信号，自动识别操作时智能断路器所处的电网工作状态，从而对内部的调节机构发出不同的控制信号来调整操动机构的参数，来获得与当前系统工作状态相适应的特性，然后使智能断路器能够发挥其作用，进行相关的保护动作。

4）操作简单，安装方便，具有自动操作和人工操作两个操作装置，在故障发生时，自

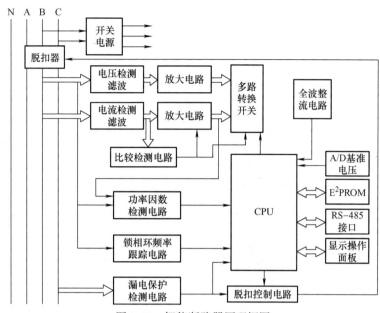

图 1-22　智能断路器原理框图

动跳闸，起到保护的作用。在故障排除后，可自动启动合闸，也可手动操作合闸，是一种实用性很高的电气产品。

1.6　主令电器

主令电器是在自动控制系统中发出指令或信号的电器，用来控制接触器、继电器或其他电器线圈，使电路接通或分断，从而达到控制生产机械的目的。

主令电器应用广泛、种类繁多，按其作用可分为：按钮、行程开关、接近开关、万能转换开关、主令控制器及其他主令电器（如脚踏开关、钮子开关、紧急开关）等。

1.6.1　按钮

按钮在低压控制电路中用于手动发出控制信号。

按钮由按钮帽、复位弹簧、桥式触点和外壳等组成，其结构如图 1-23 所示。按用途和结构的不同，分为起动按钮、停止按钮和复合按钮等。

起动按钮带有常开触点，手指按下按钮帽，常开触点闭合；手指松开，常开触点复位。起动按钮的按钮帽采用绿色。停止按钮带有常闭触点，手指按下按钮帽，常闭触点断开；手指松开，常闭触点复位。停止按钮的按钮帽采用红色。复合按钮带有常开触点和常闭触点，手指按下按钮帽，先断开常闭触点再闭合常开触点；手指松开，常开触点和常闭触点先后复位。

按钮的图形及文字符号如图 1-24 所示。

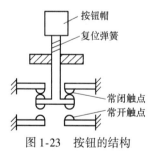

图 1-23　按钮的结构

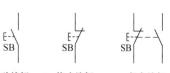

| 起动按钮 | 停止按钮 | 复合按钮 |

图 1-24　按钮的图形及文字符号

1.6.2 位置开关

位置开关是利用运动部件的行程位置实现控制的电器元件，常用于自动往返的生产机械中，按结构不同可分为直动式、滚动式、微动式，如图 1-25 所示。

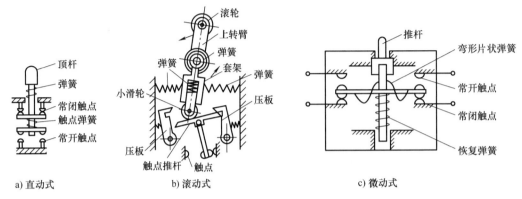

a) 直动式   b) 滚动式   c) 微动式

图 1-25 位置开关的分类

位置开关的结构及工作原理与按钮相同。区别是位置开关不靠手动而是利用运动部件上的挡块碰压而使触点动作，有自动复位和非自动复位两种。

位置开关的图形及文字符号如图 1-26 所示。

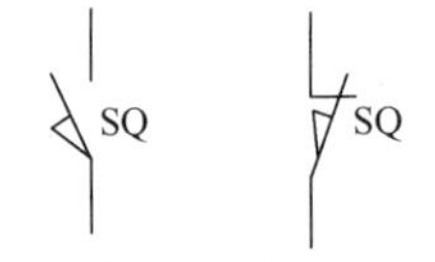

常开触点   常闭触点

图 1-26 位置开关的
图形、文字符号

1.6.3 凸轮控制器与主令控制器

1. 凸轮控制器

凸轮控制器用于起重设备和其他电力拖动装置，以控制电动机的起动、正反转、调速和制动。结构主要由手柄、定位机构、转轴、凸轮和触点组成，其结构如图 1-27 所示。

转动手柄时，转轴带动凸轮一起转动，转到某一位置时，凸轮顶动滚子，克服弹簧压力使动触点顺时针方向转动，脱离静触点而分断电路。在转轴上叠装不同形状的凸轮，可以使若干个触点组按规定的顺序接通或分断。

凸轮控制器的图形及文字符号如图 1-28 所示。

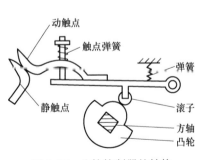

图 1-27 凸轮控制器的结构

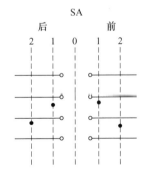

图 1-28 凸轮控制器的图形及文字符号

2. 主令控制器

当电动机容量较大、工作繁重、操作频繁、调速性能要求较高时，往往采用主令控制器操作。由主令控制器的触点来控制接触器，再由接触器来控制电动机。这样，触点的容量可大大减小，操作更为轻便。

主令控制器是按照预定程序转换控制电路的主令电器，其结构和凸轮控制器相似，只是触点的额定电流较小。

在起重机中，主令控制器是与控制屏相配合来实现控制的，因此要根据控制屏的型号来选择主令控制器。

习题与思考题

1. 何谓电磁式电器的吸力特性与反力特性？吸力特性与反力特性之间应满足怎样的配合关系？

2. 单相交流电磁机构为什么要在铁心端面上设置短路环？它的作用是什么？三相交流电磁机构是否要装设短路环？

3. 从结构特征上如何区分交流、直流电磁机构？

4. 交流电磁线圈通电后，衔铁长时间被卡住不能吸合，会产生什么后果？

5. 交流电磁线圈误接入直流电源，直流电磁线圈误接入交流电源，会发生什么问题？为什么？

6. 线圈电压为220V的交流接触器，误接入380V交流电源会发生什么问题？为什么？

7. 接触器是怎样选择的？主要考虑哪些因素？

8. 两个相同的交流线圈能否串联使用？为什么？

9. 常用的灭弧方法有哪些？

10. 熔断器的额定电流、熔体的额定电流和熔体的极限分断电流三者有何区别？

11. 如何调整电磁式继电器的返回系数？

12. 电气控制电路中，既装设熔断器，又装设热继电器，各起什么作用？能否相互代替？

13. 热继电器在电路中的作用是什么？带断相保护和不带断相保护的三相式热继电器各用在什么场合？

14. 时间继电器和中间继电器在电路中各起什么作用？

15. 什么是主令电器？常用的主令电器有哪些？

16. 试为一台交流380V、4kW（$\cos\varphi = 0.88$）、△联结的三相笼型异步电动机选择接触器、热继电器和熔断器。

第2章

电气控制线路分析与设计

在电力拖动自动控制系统中，各种生产机械均由电动机来拖动。不同的生产机械，对电动机的控制要求也是不同的。无论简单的还是复杂的电气控制线路，都是按照一定的控制原则，由基本的控制环节组成的。掌握这些基本的控制原则和控制环节，是学习电气控制的基础，特别是对生产机械整个电气控制线路工作原理的分析与设计有很大的帮助。本章着重阐明组成电气控制线路的基本原则和基本环节。

本章主要内容：

- 电气图的基本知识
- 电气控制线路分析
- 电气控制线路典型环节的设计

核心是掌握阅读电气原理图的方法，培养读图能力并通过读图分析各种典型控制环节的工作原理，为电气控制线路的设计、安装、调试、维护打下良好基础。

2.1　电气控制线路的基本要求

由第1章所介绍的按钮、开关、接触器、继电器等有触点的低压控制电器所组成的控制线路，叫做电气控制线路。

电气控制通常称为继电-接触器控制，其优点是电路图较直观形象，装置结构简单，价格便宜，抗干扰能力强。它可以很方便地实现简单和复杂的、集中和远距离生产过程的自动控制。

电气控制线路的表示方法有：电气原理图、电气元件布置图和电气安装接线图三种。

2.1.1　电气控制线路常用的图形及文字符号

电气控制线路图是工程技术的通用语言，为了便于交流与沟通，在电气控制线路中，各种电气元件的图形及文字符号必须符合国家标准。近年来，随着我国改革开放，相应地引进了许多国外先进设备。为了掌握引进的先进技术和先进设备，便于国际交流和满足国际市场的需要，我国参照国际电工委员会（IEC）颁布的有关文件，制定了电气设备有关国家标准，采用新的图形和文字符号及回路标号，颁布了 GB4728—1984《电气图用图形符号》及 GB6988—1987《电气制图》和 GB7159—1987《电气技术中的文字符号制订通则》，规定从 1990 年 1 月 1 日起生效。

2008 年颁布了 GB/T4728.7—2008《电气简图用图形符号　第 7 部分　开关　控制和保护器件》及 GB/T6988.1—2008《电气技术用文件的编制　第 1 部分：规则》作为推荐标准。原国家标准 GB7159—1987 在 2005 年 10 月作废，现在没有替代标准，推荐参考 GB/T20939—2007

《技术产品及技术产品文件结构原则字母代码按项目用途和任务划分的主类和子类》。

基本文字符号有单字母符号和双字母符号。单字母符号表示电气设备、装置和元件的大类，例如 K 为继电器类元件这一大类；双字母符号由一个表示大类的单字母与另一个表示器件某些特性的字母组成，例如 KT 即表示继电器类器件中的时间继电器，KM 表示继电器类器件中的接触器。

辅助文字符号用来进一步表示电气设备、装置和元件的功能、状态和特征。

表 2-1、表 2-2 中列出了部分常用的电气图形符号和基本文字符号，实际使用时如需要更详细的资料，请查阅有关国家标准。

表 2-1　常用电气图形及文字符号新旧对照表

名称	新　标　准		旧　标　准		名称	新　标　准		旧　标　准	
	图形符号	文字符号	图形符号	文字符号		图形符号	文字符号	图形符号	文字符号
一般三极电源开关		QK		K	按钮 起动				QA
低压断路器		QF		UZ	按钮 停止		SB		TA
位置开关 常开（动合）触点		SQ		XK	按钮 复合				AN
位置开关 常闭（动断）触点					接触器 线圈				
位置开关 复合触点					接触器 主触点		KM		C
					接触器 常开（动合）辅助触点				
熔断器		FU		RD	接触器 常闭（动断）辅助触点				

（续）

名称		新 标 准		旧 标 准		名称		新 标 准		旧 标 准	
		图形符号	文字符号	图形符号	文字符号			图形符号	文字符号	图形符号	文字符号
速度继电器	常开（动合）触点		KS		SDJ	继电器	中间继电器线圈		KA		ZJ
	常闭（动断）触点						欠电压继电器线圈		KA		QYJ
时间继电器	线圈	通电延时 断电延时	KT		SJ		过电流继电器线圈		KI		GLJ
	常开（动合）延时闭合触点						常开（动合）触点		相应继电器符号		相应继电器符号
	常闭（动断）延时打开触点						常闭（动断）触点				
	常闭（动断）延时闭合触点						欠电流继电器线圈		KI		QLJ
	常开（动合）延时打开触点						转换开关		SA		HK
热继电器	热元件		FR		RJ		制动电磁铁		YB		DT
							电磁离合器		YC		CH
	常闭触点						电位器		RP		W

（续）

名称	新标准 图形符号	文字符号	旧标准 图形符号	文字符号	名称	新标准 图形符号	文字符号	旧标准 图形符号	文字符号
桥式整流装置		VC		ZL	直流发电机	G	G	F	ZF
照明灯		EL		ZD	三相笼型异步电动机	M 3~	M		D
信号灯		HL		XD	三相绕线转子异步电动机				
电阻器	或	R		R	单相变压器				B
接插器		X		CZ	整流变压器		T		ZLB
					照明变压器				ZB
电磁铁		YA		DT	控制电路电源用变压器		TC		B
电磁吸盘		YH		DX	三相自耦变压器		T		ZOB
串励直流电动机					半导体二极管		VD		D
并励直流电动机		M		ZD	PNP型晶体管				T
他励直流电动机					NPN型晶体管		VT		T
复励直流电动机					晶闸管（阴极侧受控）				SCR

表 2-2　电气技术中常用基本文字符号

基本文字符号		项目种类	设备、装置、元器件举例	基本文字符号		项目种类	设备、装置、元器件举例
单字母	双字母			单字母	双字母		
A	AT	组件部件	抽屉柜	Q	QF QM QS	开关器件	断路器 电动机保护开关 隔离开关
B	BP BQ BT BV	非电量到电量变换器或电量到非电量变换器	压力变换器 位置变换器 温度变换器 速度变换器	R	RP RT RV	电阻器	电位器 热敏电阻器 压敏电阻器
F	FU FV	保护器件	熔断器 限压保护器	S	SA SB SP SQ ST	控制、记忆信号电路的开关器件选择器	控制开关 按钮开关 压力传感器 位置传感器 温度传感器
H	HA HL	信号器件	声响指示器 指示灯				
K	KA	继电器	瞬时接触继电器 交流继电器	T	TA TC TM TV	变压器	电流互感器 电源变压器 电力变压器 电压互感器
	KM KP KR KT	接触器	接触器 中间继电器 极化继电器 簧片继电器 时间继电器	X	XP XS XT	端子、插头、插座	插头 插座 端子板
P	PA PJ PS PV PT	测量设备 试验设备	电流表 电能表 记录仪器 电压表 时钟、操作时间表	Y	YA YV YB	电气操作的机械器件	电磁铁 电磁阀 电磁离合器

2.1.2　电气原理图

电气原理图是根据生产机械运动形式对电气控制系统的要求，采用国家统一规定的电气图形符号和文字符号，按照电气设备和电器的工作顺序，详细表示电路、设备或成套装置的全部基本组成和连接关系，而不考虑其实际位置的一种简图。

电气原理图通常加注标号以使层次结构清晰、简明。

1）电气控制线路图中的支路、接点，一般都加上标号。

2）主电路标号由文字符号和数字组成。文字符号用以标明主电路中的元件或线路的主要特征；数字标号用以区别电路不同线段。三相交流电源引入线采用 L_1、L_2、L_3 标号，电源开关之后的三相交流电源主电路分别标 U、V、W。如 U_{11} 表示电动机的第一相的第一个接点代号，U_{12} 为第一相的第二个接点代号，依此类推。

3）控制电路由三位或三位以下的数字组成，交流控制电路的标号一般以主要压降元件（如电气元件线圈）为分界，左侧用奇数标号，右侧用偶数标号。直流控制电路中正极按奇数标号，负极按偶数标号。

绘制电气原理图应遵循以下原则：

1）电气控制电路根据作用不同可分为主电路和控制电路。主电路包括从电源到电动机的电路，是执行某些功能的部分，用粗线条画在原理图的左边。控制电路是能够实现自动控制作用的电路，一般由按钮、电气元件的线圈、接触器的辅助触点、继电器的触点等组成，用细线条画在原理图的右边。

2）电气原理图中，所有电气元件的图形及文字符号必须采用国家规定的统一标准。

3）采用电气元件展开图的画法。同一电气元件的各部件可以不画在一起，但需用同一文字符号标出。若有多个同一种类的电气元件，可在文字符号后加上数字序号，如 KM_1、KM_2 等。

4）所有按钮、触点均按没有外力作用和没有通电时的原始状态画出。

5）控制电路的分支电路，原则上按照动作先后顺序排列，两线交叉连接时的电气连接点须用黑点标出。

6）电器位置表示法通常采用电路编号法、表格法或坐标法。

图 2-1 为笼型电动机正、反转控制线路的电气原理图。

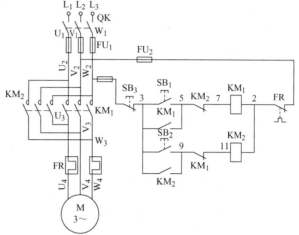

图 2-1　电动机正、反转控制线路的电气原理图

2.1.3　电气元件布置图

电气元件布置图主要是用来表明电气设备上所有电机、电器的实际位置，是机械电气控制设备制造、安装和维修必不可少的技术文件。布置图根据设备的复杂程度或集中绘制在一张图上，或将控制柜与操作台的电气元件布置图分别绘制。绘制布置图时机械设备轮廓用双点划线画出，所有可见的和需要表达清楚的电气元件及设备，用粗实线绘制出其简单的外形轮廓。电气元件及设备代号必须与有关电路图和清单上的代号一致。图 2-2 为电动机正、反转控制电气元件布置图。

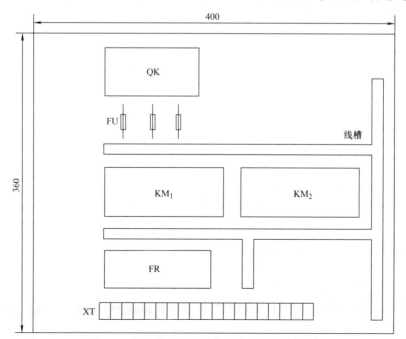

图 2-2　电动机正、反转控制电气元件布置图

2.1.4 电气安装接线图

电气安装接线图是按照电气元件的实际位置和实际接线绘制的，根据电气元件布置最合理、连接导线最经济等原则来安排。它为安装电气设备、电气元件之间进行配线及检修电气故障等提供了必要的依据。图 2-3 为电动机正、反转控制电气安装接线图。

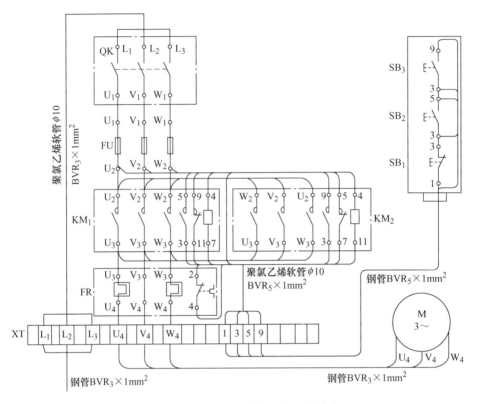

图 2-3　电动机正、反转控制电气安装接线图

绘制安装接线图应遵循以下原则：

1）各电气元件用规定的图形及文字符号绘制，同一电气元件各部件必须画在一起。各电气元件的位置应与实际安装位置一致。

2）不在同一控制柜或配电屏上的电气元件的电气连接必须通过端子板进行。各电气元件的文字符号及端子板的编号应与原理图一致，并按原理图的接线进行连接。

3）走向相同的多根导线可用单线表示。

4）画连接线时，应标明导线的规格、型号、根数和穿线管的尺寸。

2.2　三相异步电动机的起动控制

三相笼型异步电动机的控制是电力拖动控制中应用最广、也是最基本的控制，包括起动控制、正/反控制、制动控制、顺序控制、多点控制和调速控制等。

2.2.1　三相笼型电动机直接起动控制

在供电变压器容量足够大时，较小容量笼型电动机可直接起动。直接起动的优点是电气设备少、电路简单。缺点是起动电流大，可能引起供电系统电压波动，从而干扰其他用电设备的正常工作。

1. 采用刀开关直接起动控制

图2-4 为采用刀开关直接起动控制电路。

工作过程如下：合上刀开关 QK，电动机 M 接通电源全电压直接起动。拉开刀开关 QK，电动机 M 断电停转。这种电路适用于较小容量起动不频繁的笼型电动机，例如小型台钻、冷却泵、砂轮机等。熔断器起短路保护作用。

2. 采用接触器直接起动控制

（1）点动控制　如图 2-5 所示。主电路由刀开关 QK、熔断器 FU、交流接触器 KM 的主触点和笼型电动机 M 组成；控制电路由起动按钮 SB 和交流接触器线圈 KM 组成。

工作过程如下：

起动过程：先合上刀开关 QK→按下起动按钮 SB→接触器 KM 线圈通电→KM 主触点闭合→电动机 M 通电直接起动。

停机过程：松开 SB→KM 线圈断电→KM 主触点断开→M 断电停转。

从线路可知，按下按钮，电动机转动；松开按钮，电动机停转，这种控制就叫点动控制，它能实现电动机短时转动，常用于机床的对刀调整和电动葫芦等。

（2）连续控制　在实际生产中往往要求电动机实现长时间连续转动，即所谓长动控制，如图 2-6 所示。

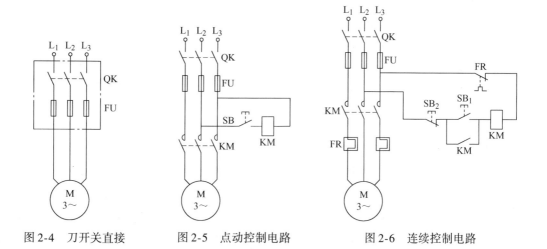

图2-4　刀开关直接　　　图 2-5　点动控制电路　　　图 2-6　连续控制电路
　　起动控制电路

主电路由刀开关 QK、熔断器 FU、接触器 KM 的主触点、热继电器 FR 的发热元件和电动机 M 组成，控制电路由停止按钮 SB₂、起动按钮 SB₁、接触器 KM 的常开辅助触点和线圈、热继电器 FR 的常闭触点组成。

工作过程如下：

起动过程：合上刀开关 QK→按下起动按钮 SB_1→接触器 KM 线圈通电 →KM 主触点闭合→
　　　　　　　　　　　　　　　　　　　　　　　　　　　　　　　↳KM 辅助触点闭合

（松开 SB_1）
————————→电动机 M 接通电源运转。

停机过程：按下停止按钮 SB_2→KM 线圈断电→KM 主触点和辅助常开触点断开→电动机 M 断电停转。

在连续控制中，当起动按钮 SB_1 松开后，接触器 KM 的线圈通过其辅助常开触点的闭合仍继续保持通电，从而保证电动机的连续运行。这种依靠接触器自身辅助常开触点而使其线圈保持通电的控制方式，称自锁或自保。起到自锁作用的辅助常开触点称自锁触点。

在图 2-6 中，把接触器 KM、熔断器 FU、热继电器 FR 和按钮 SB_1、SB_2 组装成一个控制装置，称为电磁起动器。电磁起动器有可逆与不可逆两种：不可逆电磁起动器可控制电动机单向直接起动、停止；可逆电磁起动器由两个接触器组成，可控制电动机的正、反转。

电路设有以下保护环节：

1）短路保护。短路时熔断器 FU 的熔体熔断而切断电路起保护作用。

2）电动机长期过载保护。采用热继电器 FR。由于热继电器的热惯性较大，即使发热元件流过几倍于额定值的电流，热继电器也不会立即动作。因此在电动机起动时间不太长的情况下，热继电器不会动作，只有在电动机长期过载时，热继电器才会动作，用它的常闭触点使控制电路断电。

3）欠电压、失电压保护。通过接触器 KM 的自锁环节来实现。当电源电压由于某种原因而严重欠电压或失电压（如停电）时，接触器 KM 断电释放，电动机停止转动。当电源电压恢复正常时，接触器线圈不会自行通电，电动机也不会自行起动，只有在操作人员重新按下起动按钮后，电动机才能起动。本控制线路具有如下三个优点：

1）防止电源电压严重下降时电动机欠电压运行。

2）防止电源电压恢复时电动机自行起动而造成设备和人身事故。

3）避免多台电动机同时起动造成电网电压的严重下降。

（3）既能点动又能长动控制　在生产实践中，机床调整完毕后，需要连续进行切削加工，则要求电动机既能实现点动又能实现长动。控制电路如图 2-7 所示。

图 2-7a 的电路比较简单，采用按钮开关 SA 实现控制。点动控制时，先把 SA 打开，断开自锁电路→按动 SB_2→KM 线圈通电→电动机 M 实现点动；长动控制时，把 SA 合上→按动 SB_2→KM 线圈通电，自锁触点起作用→电动机 M 实现长动。

图 2-7b 的电路采用复合按钮 SB_3 实现控制。点动控制时，按动复合按钮 SB_3，断开自锁回路→KM 线圈通电→电动机 M 点动；长动控制时，按动起动按钮 SB_2→KM 线圈通电，自锁触点起作用→电动机 M 长动运行。此电路在点动控制时，若接触器 KM 的释放时间大于复合按钮的复位时间，则点动结束，SB_3 松开时，SB_3 常开触点已闭合但接触器 KM 的自锁触点尚未打开，会使自锁电路继续通电，则电路不能实现正常的点动控制。

图 2-7c 的电路采用中间继电器 KA 实现控制。点动控制时，按动起动按钮 SB_3→KM 线圈通电→M 实现点动。长动控制时，按动起动按钮 SB_2→中间继电器 KA 线圈通电→KM 线圈通电并自锁→M 实现长动。此电路多用了一个中间继电器，但工作可靠性却提高了。

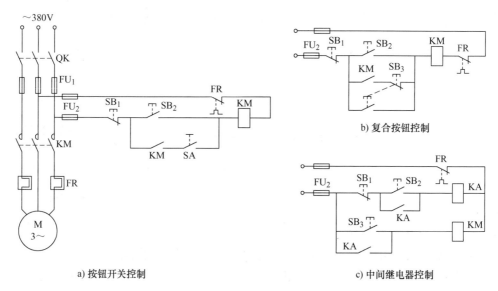

a) 按钮开关控制　　　　　　　　　　b) 复合按钮控制

c) 中间继电器控制

图 2-7　长动与点动控制

2.2.2　三相笼型电动机减压起动控制

三相笼型电动机直接起动控制电路简单，经济，操作方便。但是异步电动机的全压起动电流一般可达额定电流的 4~7 倍，过大的起动电流会降低电动机的寿命，使变压器二次电压大幅下降，减小了电动机本身的起动转矩，甚至使电动机无法起动，过大的电流还会引起电源电压波动，影响同一供电网路中其他设备的正常工作。所以对于容量较大的电动机来说必须采用减压起动的方法，以限制起动电流。

减压起动虽然可以减小起动电流，但也降低了起动转矩，因此仅适用于空载或轻载起动。

三相笼型电动机的减压起动方法有定子绕组串电阻（或电抗器）起动、星-三角减压起动、自耦变压器减压起动、延边三角形起动等。

1. 定子绕组串电阻减压起动控制

控制电路按时间原则实现控制，依靠时间继电器延时动作来控制各电器元件的先后动作顺序。控制电路如图 2-8 所示。起动时，在三相定子绕组中串入电阻 R，从而降低了定子绕组上的电压，待起动后，再将电阻 R 切除，使电动机在额定电压下投入正常运行。

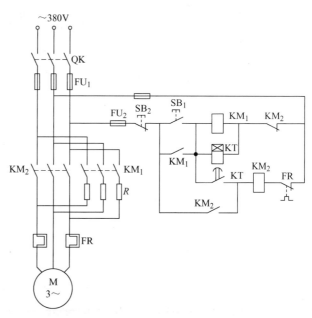

图 2-8　定子绕组串电阻起动控制电路

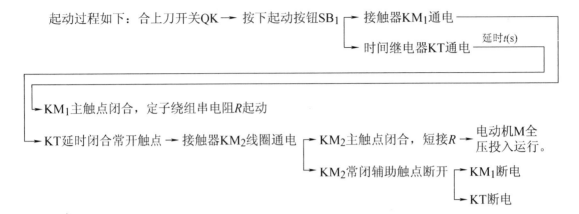

起动过程如下：合上刀开关QK → 按下起动按钮SB₁ → 接触器KM₁通电
　　　　　　　　　　　　　　　　　　└→ 时间继电器KT通电　　延时 *t*(s)

└→ KM₁主触点闭合，定子绕组串电阻*R*起动

└→ KT延时闭合常开触点 → 接触器KM₂线圈通电 → KM₂主触点闭合，短接*R* → 电动机M全压投入运行。
　　　　　　　　　　　　　　　　　　└→ KM₂常闭辅助触点断开 → KM₁断电
　　　　　　　　　　　　　　　　　　　　　　　　　　　　　　└→ KT断电

2. 星-三角减压起动控制

电动机绕组接成三角形时，每相绕组所承受的电压是电源的线电压（380V）；而接成星形时，每相绕组所承受的电压是电源的相电压（220V）。因此，对于正常运行时定子绕组接成三角形的笼型异步电动机，控制电路也是按时间原则实现控制。起动时将电动机定子绕组连接成星形，加在电动机每相绕组上的电压为额定电压的 $1/\sqrt{3}$，从而减小了起动电流。待起动后按预先整定的时间把电动机换成三角形联结，使电动机在额定电压下运行。控制电路如图 2-9 所示。

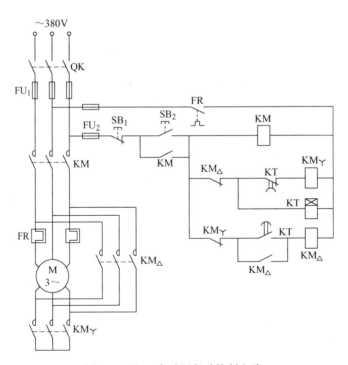

图 2-9　星-三角减压起动控制电路

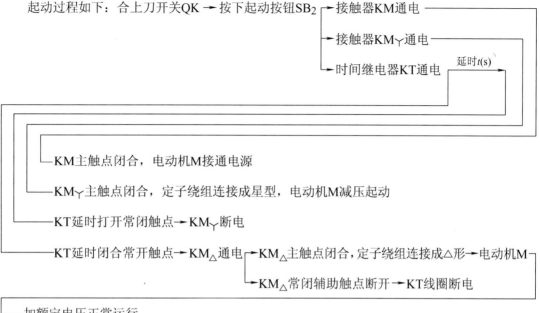

起动过程如下：合上刀开关QK → 按下起动按钮SB₂ ┬ 接触器KM通电

┼ 接触器KM丫通电

└ 时间继电器KT通电 ── 延时t(s)

└ KM主触点闭合，电动机M接通电源

└ KM丫主触点闭合，定子绕组连接成星型，电动机M减压起动

└ KT延时打开常闭触点→KM丫断电

└ KT延时闭合常开触点→KM△通电→KM△主触点闭合，定子绕组连接成△形→电动机M ┐

└ KM△常闭辅助触点断开→KT线圈断电

└加额定电压正常运行。

该电路结构简单，缺点是起动转矩也相应下降为三角形联结的1/3，转矩特性差。因而本电路适用于电网电压380V、额定电压660/380V、星-三角联结的电动机轻载或空载起动的场合。

3. 自耦变压器减压起动的控制

起动时电动机定子串入自耦变压器，定子绕组得到的电压为自耦变压器的二次电压，起动完毕，自耦变压器被切除，额定电压加于定子绕组，电动机以全电压投入运行。控制电路如图 2-10 所示。

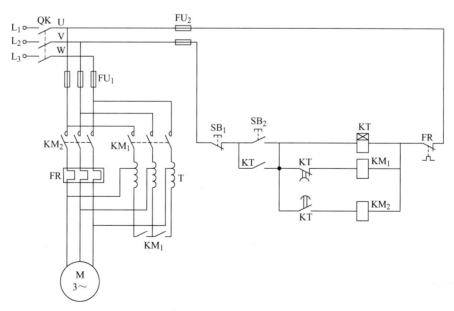

图 2-10 定子串自耦变压器起动控制电路

起动过程如下：合上刀开关QK → 按下起动按钮SB₂ → 接触器KM₁线圈通电

→ 时间继电器KT线圈通电　　　　延时*t*(s)

└ KM₁主触点和辅助触点闭合 → 电动机定子串自耦变压器减压起动

└ KT延时打开常闭触点 → KM₁线圈断电 → 切除自耦变压器

└ KT延时闭合常开触点 → KM₂线圈通电 → KM₂主触点闭合 → 电动机M全压正常运行。

该控制电路对电网的电流冲击小，损耗功率也小，但是自耦变压器价格较贵，主要用于起动较大容量的电动机。

2.2.3　三相异步电动机的正、反转控制

在实际应用中，往往要求生产机械改变运动方向，如工作台前进与后退、起重机起吊重物的上升与下降，以及电梯的上升与下降等，这就要求电动机能实现正、反转。

由三相异步电动机转动原理可知，若要电动机改变旋转方向，只要将接于电动机定子的三相电源线中的任意两相对调一下即可，可通过两个接触器来改变电动机定子绕组的电源相序来实现。电动机正、反转控制电路如图 2-11 所示。图中接触器 KM₁ 为正向接触器，控制电动机 M 正转；接触器 KM₂ 为反向接触器，控制电动机 M 反转。

图 2-11a 工作过程如下：

1）正转控制。合上刀开关 QK→按下正向起动按钮 SB₂→正向接触器 KM₁ 通电→KM₁ 主触点和自锁触点闭合→电动机 M 正转。

2）反转控制。合上刀开关 QK→按下反向起动按钮 SB₃→反向接触器 KM₂ 通电→KM₂ 主触点和自锁触点闭合→电动机 M 反转。

3）停机。按下停止按钮 SB₁→KM₁（或 KM₂）断电→电动机 M 停转。

该控制电路必须要求 KM₁ 与 KM₂ 不能同时通电，否则会引起主电路电源相间短路，为此，要求电路设置必要的联锁环节。如图 2-11b 所示，将其中一个接触器的常闭触点串入另一个接触器线圈电路中，则任何一个接触器先通电后，即使按下相反方向的起动按钮，另一个接触器也无法通电，这种利用两个接触器的辅助常闭触点互相控制的方式，叫电气互锁，或叫电气联锁。起互锁作用的常闭触点叫互锁触点。另外，该电路只能实现"正→停→反"或者"反→停→正"控制，即必须按下停止按钮后，再反向或正向起动。这对需要频繁改变电动机运转方向的设备来说，是很不方便的。为了提高生产率，简便正、反向操作，故利用复合按钮组成"正→反→停"或"反→正→停"的互锁控制，如图 2-11c 所示，复合按钮的常闭触点同样起到互锁的作用，这样的互锁叫机械互锁。该电路既有接触器常闭触点的电气互锁，也有复合按钮常闭触点的机械互锁，即具有双重互锁。该电路操作方便，安全可靠，故应用广泛。

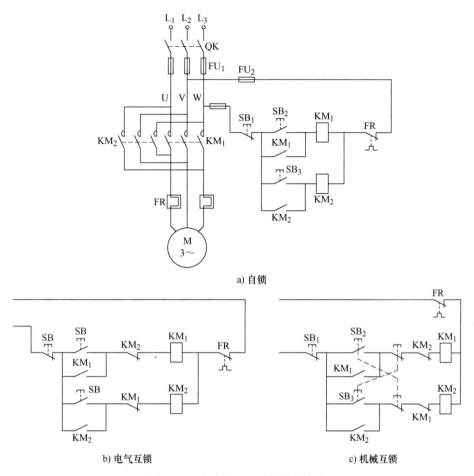

a) 自锁

b) 电气互锁　　　　　　　　　　　　　　　c) 机械互锁

图 2-11　电动机正、反转控制电路

2.2.4　三相异步电动机的制动控制

三相异步电动机从切断电源到安全停止转动，由于惯性的关系总要经过一段时间，影响了劳动生产率。在实际生产中，为了实现快速、准确停车，缩短时间，提高生产率，对要求停转的电动机强迫其迅速停车，必须采取制动措施。

三相异步电动机的制动方法有机械制动和电气制动两种。

机械制动是利用机械装置使电动机迅速停转。常用的机械装置是电磁抱闸，抱闸装置由制动电磁铁和闸瓦制动器组成，可分为断电制动和通电制动。制动时，将制动电磁铁的线圈切断或接通电源，通过机械抱闸制动电动机。

电气制动方法有反接制动、能耗制动、发电制动和电容制动等。

1. 三相异步电动机反接制动控制

反接制动是利用改变电动机电源相序，使定子绕组产生的旋转磁场与转子旋转方向相反，因而产生制动力矩的一种制动方法。应注意的是，当电动机转速接近零时，必须立即断开电源，否则电动机会反向旋转。

另外，由于反接制动电流较大，制动时需在定子回路中串入电阻以限制制动电流。反接制动电阻的接法有两种：对称电阻接法和不对称电阻接法，如图 2-12 所示。

单向运行的三相异步电动机反接制动控制电路如图 2-13 所示。控制电路按速度原则实现控制，通常采用速度继电器。速度继电器与电动机同轴相连，在 120 ~ 3000r/min 范围内速度继电器触点动作，当转速低于 100r/min 时，其触点复位。

工作过程如下：合上刀开关 QK→按下起动按钮 SB₂→接触器 KM₁ 通电→电动机 M 起动运行→速度继电器 KS 常开触点闭合，为制动做准备。制动时按下停止按钮 SB₁→KM₁ 断电→KM₂ 通电（KS 常开触点尚未打开）→KM₂ 主触点闭合，定子绕组串入限流电阻 R 进行反接制动→n 接近 0 时，KS 常开触头断开→KM₂ 断电，电动机制动结束。

2. 三相异步电动机能耗制动控制

三相异步电动机能耗制动时，切断定子绕组的交流电源后，在定子绕组任意两相通入直流电流，形成一固定磁场，与旋转着的转子中的感应电流相互作用产生制动力矩。制动结束必须及时切除直流电源。能耗制动控制电路如图 2-14 所示。

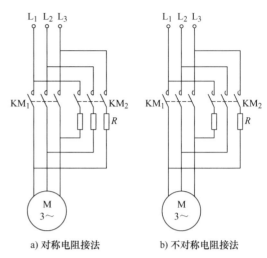

图 2-12　三相异步电动机反接制动电阻接法

a) 对称电阻接法　　b) 不对称电阻接法

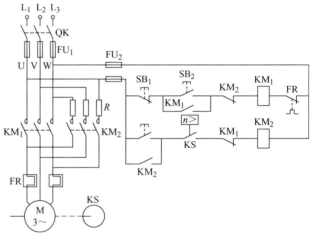

图 2-13　单向运行的三相异步电动机反接制动控制电路

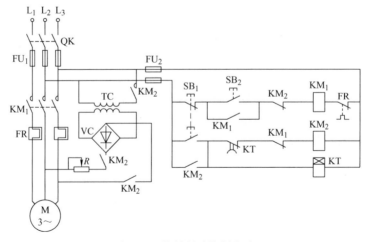

图 2-14　能耗制动控制电路

工作过程如下：合上刀开关 QK→按下起动按钮 SB$_2$→接触器 KM$_1$ 通电→电动机 M 起动运行。

制动时，按下复合按钮SB$_1$→ KM$_1$断电 → 电动机M断开交流电源 → KM$_2$通电 ———

→ 时间继电器KT ———

→M两向定子绕组通入直流电，开始能耗制动

→ 通电 ——延时t(s)—→ KT延时打开常闭触点 → KM$_2$断电 → M切断直流电 → 能耗制动结束。

→ KT断电

该控制电路制动效果好，但对于较大功率的电动机要采用三相整流电路，则所需设备多、投资成本高。

2.2.5　多地点控制

有些电气设备，如大型机床、起重运输机等，为了操作方便，常要求能在多个地点对同一台电动机实现控制。这种控制方法称为多地点控制。

图 2-15 所示为三地点控制电路。把一个起动按钮和一个停止按钮组成一组，并把三组起动、停止按钮分别放置三地，即能实现三地点控制。

多地点控制的接线原则是：起动按钮应并联连接，停止按钮应串联连接。

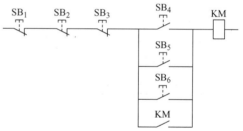

图 2-15　三地点控制电路

2.2.6　多台电动机先后顺序工作的控制

在很多生产过程或机械设备中，常常要求电动机按一定顺序起动。例如机床中要求润滑电动机起动后，主轴电动机才能起动；铣床进给电动机必须在主轴电动机已起动的情况下才能起动工作。图 2-16 为两台电动机顺序起动控制电路。

在图 2-16a 中，接触器 KM$_1$ 控制电动机 M$_1$ 的起动、停止；接触器 KM$_2$ 控制电动机 M$_2$ 的起动、停止。现要求电动机 M$_1$ 起动后，电动机 M$_2$ 才能起动。工作过程如下：合上刀开关 QK→按下起动按钮 SB$_2$→接触器 KM$_1$ 通电→电动机 M$_1$ 起动→KM$_1$ 常开辅助触点闭合→按下起动按钮 SB$_4$→接触器 KM$_2$ 通电→电动机 M$_2$ 起动。

按下停止按钮 SB$_1$，两台电动机同时停止。如改用图 2-16b 线路的接法，可以省去接触器 KM$_1$ 的常开触点，使线路得到简化。

电动机顺序控制的接线规律是：

1）要求接触器 KM$_1$ 动作后接触器 KM$_2$ 才能动作，故将接触器 KM$_1$ 的常开触点串接于接触器 KM$_2$ 的线圈电路中。

2）要求接触器 KM$_1$ 动作后接触器 KM$_2$ 不能动作，故将接触器 KM$_1$ 的常闭辅助触点串接

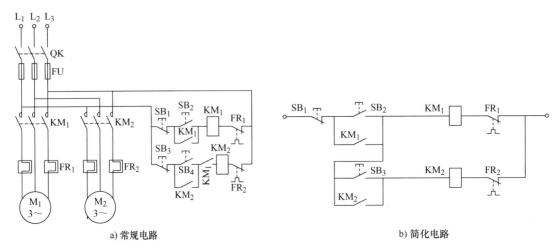

a) 常规电路   b) 简化电路

图 2-16 两台电动机顺序起动控制电路

于接触器 KM_2 的线圈电路中。

图 2-17 是采用时间继电器，按时间原则顺序起动的控制电路。

线路要求电动机 M_1 起动 $t(s)$ 后，电动机 M_2 自动起动。可利用时间继电器的延时闭合常开触点来实现。

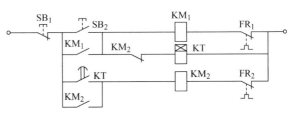

图 2-17 采用时间继电器实现顺序起动的控制电路

2.2.7 自动循环控制

在机床电气设备中，有些是通过工作台自动往复循环工作的，例如龙门刨床的工作台前进、后退。电动机的正、反转是实现工作台自动往复循环的基本环节。自动循环控制电路如图 2-18 所示。

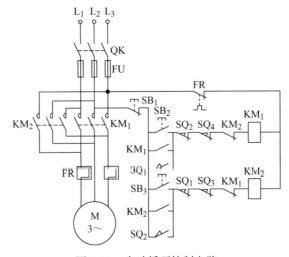

图 2-18 自动循环控制电路

控制电路按照行程控制原则，利用生产机械运动的行程位置实现控制，通常采用限位开关。

工作过程如下：合上电源并关QK → 按下起动按钮SB$_2$ → 接触器KM$_1$通电

→ 电动机M正转，工作台向前 → 工作台前进到一定位置，撞块压动限位开关SQ$_2$ ┐

┌──── → SQ$_2$常闭触点断开 → KM$_1$断电 → 电动机M停转

└──── → SQ$_2$常开触点闭合 → KM$_2$通电 → 电动机M

└ 改变电源相序而反转，工作台向后 → 工作台向后退到一定位置，撞块压动限位开关SQ$_1$ ┐

┌──── → SQ$_1$常闭触点断开 → KM$_2$断电 → 电动机M停止后退

└──── → SQ$_1$常开触点闭合 → KM$_1$通电 → 电动机M又正转，工作台又向前

如此往复循环工作，直至按下停止按钮 SB$_1$→KM$_1$（或 KM$_2$）断电→电动机停转。

另外，SQ$_3$、SQ$_4$分别为反、正向终端保护限位开关，防止限位开关 SQ$_1$ 和 SQ$_2$ 失灵时造成工作台从床身上冲出的事故。

2.3　电气控制电路的设计方法

人们希望在掌握了电气控制的基本原则和基本控制环节后，不仅能分析生产机械的电气控制电路的工作原理，而且还能根据生产工艺的要求，设计电气控制电路。

电气控制电路的设计方法通常有两种：经验设计法和逻辑设计法。

2.3.1　经验设计法

经验设计是根据生产机械的工艺要求和加工过程，利用各种典型的基本控制环节，加以修补、补充、完善，最后得出最佳方案。若没有典型的控制环节可采用，则按照生产机械的工艺要求逐步进行设计。

经验设计法比较简单，但必须熟悉大量的控制电路，掌握多种典型电路的设计资料，同时具有丰富的实践经验。由于是靠经验进行设计，故没有固定模式，通常是先采用一些典型的基本环节，实现工艺基本要求，然后逐步完善其功能，并加上适当的联锁与保护环节。初步设计出来的电路可能是好几种，要加以分析比较，甚至通过试验加以验证，检验电路的安全和可靠性，最后确定比较合理、完善的设计方案。

采用经验设计法，一般应注意以下几个问题：

（1）保护控制电路工作的安全和可靠性　电气元件要正确连接，电器的线圈和触点连接不正确，会使控制电路发生误动作，有时会造成严重的事故。

在交流控制电路中，不能串联接入两个电器线圈；两触点电位相等，避免造成飞弧而引起的电源短路；电路中应尽量减少多个电气元件依次动作后才能接通另一个电气元件；应考虑电器触点的接通和分断能力；应考虑电器元件触点"竞争"问题等。

（2）控制电路力求简单、经济　尽量减少触点的数目；尽量减少连接导线；控制电路在工作时，除必要的电气元件必须长期通电外，其余电器应尽量不长期通电，以延长电气元件的使用寿命和节约电能。

（3）防止寄生电路 控制电路在工作中出现意外接通的电路叫寄生电路。寄生电路会破坏电路的正常工作，造成误动作。

（4）应具有必要的保护环节 对电动机的基本保护，例如过载保护、断相保护、短路保护等，最好能在一个保护装置内同时实现，多功能保护器就是这种装置。电动机多功能保护装置品种很多，性能各异。

2.3.2 逻辑设计法

逻辑设计法是利用逻辑代数这一数学工具来设计电气控制电路，同时也可以用于电路的简化。

把电气控制电路中的接触器、继电气等电气元件线圈的通电和断电、触点的闭合和断开看成是逻辑变量，线圈的通电状态和触点的闭合状态设定为"1"态；线圈的断电状态和触点的断开状态设定为"0"态。根据工艺要求将这些逻辑变量关系表示为逻辑函数的关系式，再运用逻辑函数基本公式和运算规律，对逻辑函数式进行化简，然后根据简化的逻辑函数式画出相应的电气原理图，最后再进一步检查、完善，以期得到既满足工艺要求，又经济合理、安全可靠的最佳设计电路。

用逻辑函数来表示控制元件的状态，实质上是以触点的状态作为逻辑变量，通过简单的"逻辑与""逻辑或""逻辑非"等基本运算，得出运算结果，此结果即表明电气控制电路的结果。逻辑代数常用的基本公式和运算规律见表 2-3。

表 2-3 逻辑代数常用的基本公式和运算规律

序　号	名　　称	恒　等　式	对应的继电控制电路
1	基本定律 0和1定则	$0 + A = A$	
1′		$1 \cdot A = A$	
2		$1 + A = 1$	
2′		$0 \cdot A = 0$	
3		$A + A = 1$	
3′		$A \cdot \overline{A} = 0$	

（续）

序 号	名 称		恒 等 式	对应的继电控制电路
4	基本定律	同一定律	$A + A = A$	
4′			$A \cdot A = A$	
5		反转定律	$\overline{\overline{A}} = A$	
6	交换律		$A + B = B + A$	
6′			$A \cdot B = B \cdot A$	
7	结合律		$(A + B) + C = A + (B + C)$	
7′			$(A \cdot B) \cdot C = A \cdot (B \cdot C)$	
8	分配律		$A \cdot (B + C) = A \cdot B + A \cdot C$	
8′			$A + B \cdot C = (A + B) \cdot (A + C)$	
9	莫根定律 （反演律）		$\overline{A + B} = \overline{A} \cdot \overline{B}$	
9′			$\overline{A \cdot B} = \overline{A} + \overline{B}$	

（续）

序 号	名 称	恒 等 式	对应的继电控制电路
10		$A + A \cdot B = A$	
10′		$A \cdot (A + B) = A$	
11	吸收律	$A + \overline{A} \cdot B = A + B$	
11′		$A \cdot (\overline{A} + B) = A \cdot B$	
12		$A \cdot B + \overline{A}C + B \cdot C = A \cdot B + \overline{A}C$	
12′		$(A + B)(\overline{A} + C)(B + C)$ $= (A + B)(\overline{A} + C)$	

逻辑电路有两种基本类型，一种为逻辑组合电路，另一种为逻辑时序电路。

逻辑组合电路没有反馈电路（例如自锁电路），对于任何信号都没有记忆功能。控制电路的设计比较简单。

例如，某电动机只有在继电器 KA_1、KA_2、KA_3 中任何一个或任何两个继电器动作时才能运转，而在其他任何情况下都不运转，试设计其控制电路。

电动机的运转由接触器 KM 控制。

根据题目的要求，列出接触器通电状态的真值表，见表 2-4。

表 2-4　接触器通电状态的真值表

KA_1	KA_2	KA_3	KM
0	0	0	0
0	0	1	1
0	1	0	1
0	1	1	1
1	0	0	1
1	0	1	1
1	1	0	1
1	1	1	0

根据真值表，继电器 KA_1、KA_2、KA_3 中任何一个继电器动作时，接触器 KM 通电的逻辑函数式为：

$$KM = KA_1 \cdot \overline{KA_2} \cdot \overline{KA_3} + \overline{KA_1} \cdot KA_2 \cdot \overline{KA_3} + \overline{KA_1} \cdot \overline{KA_2} \cdot KA_3$$

继电器 KA_1、KA_2、KA_3 中任何两个继电器动作时，接触器 KM 通电的逻辑函数关系式为：

$$KM = KA_1 \cdot KA_2 \cdot \overline{KA_3} + KA_1 \cdot \overline{KA_2} \cdot KA_3 + \overline{KA_1} \cdot KA_2 \cdot KA_3$$

因此，接触器 KM 通电的逻辑函数关系式为：

$$KM = KA_1 \cdot \overline{KA_2} \cdot \overline{KA_3} + \overline{KA_1} \cdot KA_2 \cdot \overline{KA_3} + \overline{KA_1} \cdot \overline{KA_2} \cdot KA_3 + KA_1 \cdot KA_2 \cdot \overline{KA_3} + KA_1 \cdot \overline{KA_2} \cdot KA_3 + \overline{KA_1} \cdot KA_2 \cdot KA_3$$

利用逻辑代数基本公式进行化简：

$$KM = \overline{KA_1} \cdot (\overline{KA_2} \cdot KA_3 + KA_2 \cdot \overline{KA_3} + KA_2 \cdot KA_3) + KA_1 \cdot (\overline{KA_2} \cdot \overline{KA_3} + \overline{KA_2} \cdot KA_3 + KA_2 \cdot \overline{KA_3})$$

$$= \overline{KA_1} \cdot [KA_3 \cdot (\overline{KA_2} + KA_2) + KA_2 \cdot \overline{KA_3}] + KA_1 \cdot [\overline{KA_3} \cdot (\overline{KA_2} + KA_2) + \overline{KA_2} \cdot KA_3]$$

$$= \overline{KA_1} \cdot (KA_3 + KA_2 \cdot \overline{KA_3}) + KA_1 \cdot (\overline{KA_3} + \overline{KA_2} \cdot KA_3)$$

$$= \overline{KA_1} \cdot (KA_2 + KA_3) + KA_1 \cdot (\overline{KA_3} + \overline{KA_2})$$

根据简化了的逻辑函数关系式，可绘制如图 2-19 的电气控制电路。

逻辑时序电路具有反馈电路，即具有记忆功能，设计过程比较复杂，一般按照以下步骤进行：

1）根据工艺要求，作出工作循环图。

2）根据工作循环图作出执行元件和检测元件的状态转换表。

3）根据转换表，增设必要的中间记忆元件（中间继电器）。

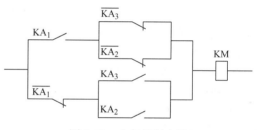

图 2-19　电气控制电路

4）列出中间记忆元件逻辑函数关系式和执行元件的逻辑函数关系式，并进行化简。

5）根据逻辑函数关系式绘出相应的电气控制电路。

6）检查并完善所设计的控制电路。

这种设计方法比较复杂，难度较大，在一般常规设计中很少采用。

习题与思考题

1. 自锁环节怎样组成？它起什么作用？并具有什么功能？

2. 什么是互锁环节，它起到什么作用？

3. 分析图 2-20 所示线路中，哪种线路能实现电动机正常连续运行和停止？哪种不能？为什么？

4. 试采用按钮、刀开关、接触器和中间继电器，画出异步电动机点动、连续运行的混合控制电路。

5. 试设计用按钮和接触器控制异步电动机的起动、停止，用组合开关选择电动机旋转方向的控制电路（包括主电路、控制回路和必要的保护环节）。

6. 电气控制电路常用的保护环节有哪些？各采用什么电气元件？

7. 为什么电动机要设零电压和欠电压保护？

8. 在有自动控制的机床上，电动机由于过载而自动停车后，有人立即按起动按钮，但不能开车，试说明可能是什么原因？

9. 试设计电气控制电路，要求：第一台电动机起动 10s 后，第二台电动机自动起动，运行 5s 后，第一

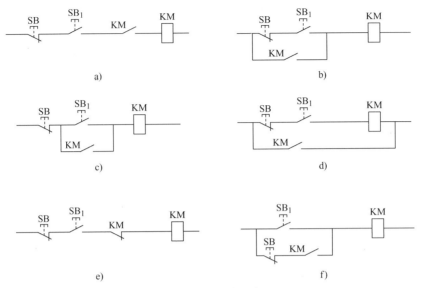

图 2-20　习题 3 图

台电动机停止，同时第三台电动机自动起动，运行 15s 后，全部电动机停止。

10. 供油泵向两处地方供油，油都达到规定油位时，供油泵停止供油，只要有一处油不足，则继续供油，试用逻辑设计法设计控制电路。

11. 简化图 2-21 所示控制电路。

12. 电厂的闪光电源控制电路如图 2-22 所示，当发生故障时。事故继电器 KA 通电动作，试分析信号灯发出闪光的工作原理。

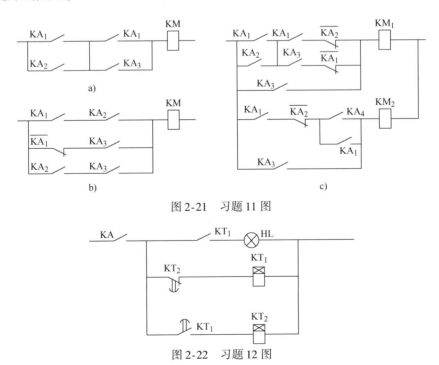

图 2-21　习题 11 图

图 2-22　习题 12 图

第**3**章

可编程控制器基础与 S7－1200 PLC

本章介绍了可编程控制器的产生、发展以及趋势，重点介绍了可编程控制器的工作原理、基本硬件组成及软件工作过程，简单介绍西门子 S7－1200 PLC 的系统组成以及开发环境。

本章主要内容：

- 可编程控制器产生、发展、技术趋势
- 可编程控制器的硬件组成与软件流程
- S7－1200 PLC 的系统组成以及开发环境

核心是掌握可编程控制器的组成、工作原理和过程，做到根据需要配置 S7－1200 PLC 的基本单元及扩展模块，构成一个满足用户需求的开发系统。

3.1 可编程控制器概述

可编程控制器的英文名称是 Programmable Controller，简称 PC，后来为了与个人计算机（Personal Computer，PC）区分，在行业中多称之为 Programmable Logic Controller，即可编程逻辑控制器，简称 PLC，而这种称呼又与可编程控制器的起源和它本身的特点有关。

可编程控制器经历了可编程矩阵控制器（PMC）、可编程顺序控制器（PSC）、可编程逻辑控制器和可编程控制器几个不同时期。在早期，其主要用于替代继电-接触的逻辑、顺序控制。随着技术的发展，这种装置的功能已经大大超过了逻辑控制的范围。

可编程控制器是一种数字运算操作的电子系统，专为在工业环境下应用而设计的。它采用可编程序的存储器，用来在其内部执行逻辑运算、顺序控制、定时、计数和算术运算等操作指令，并通过数字式、模拟式的输入或输出，控制各类型的机械或生产过程。可编程控制器及其有关设备，都应按照易于与工业控制形成一个整体，易于扩充其功能的原则来设计。

3.1.1 可编程控制器的产生与发展

可编程控制器的兴起与美国现代工业自动化生产发展的要求密不可分。在可编程控制器出现以前，工业电气控制领域中，继电器控制占主导地位，应用广泛。但是继电器控制系统存在体积大、可靠性低、排查故障困难等缺点，特别是其接线复杂、不易更改，对生产工艺变化适应性差。

1968 年美国通用汽车公司（GM）为了适应汽车型号的不断更新，生产工艺不断变化的需求，实现小批量、多品种生产，希望能有一种新型工业控制器，当生产工艺改变时，它能做到尽可能减少重新设计和更换电气控制系统及接线，以降低成本，缩短周期。于是就设想将计算机功能强大、灵活、通用性好等优点与电气控制系统简单易懂、价格便宜等优点结合起来，制成一种通用控制装置，而且这种装置采用面向控制过程、面向问题的"自然语言"

进行编程，使不熟悉计算机的人也能够很快掌握使用。通用汽车公司提出了著名的 "GM 十条"，1969 年美国数字设备公司（DEC）根据通用汽车公司的这种要求，研制成功了世界上第一台可编程控制器 "PDP－14"，并在通用汽车公司的自动装配线上试用，取得了很好的效果。从此这项技术迅速发展起来。

早期的可编程控制器仅有逻辑运算、定时、计数等顺序控制功能，只能用来取代传统的继电器控制。随着微电子技术和计算机技术的发展，20 世纪 70 年代中期微处理器技术应用到 PLC 中，使 PLC 不仅具有逻辑控制功能，还增加了算术运算、数据传输和数据处理等功能。

20 世纪 80 年代以后，随着大规模、超大规模集成电路等微电子技术的迅速发展，16 位和 32 位微处理器应用于 PLC 中，使 PLC 得到迅速发展。PLC 不仅控制功能增强，同时可靠性提高，功耗、体积减小，成本降低，编程和故障检测更加灵活方便，而且具有通信和联网、数据处理和图象显示等功能，使 PLC 真正成为具有逻辑控制、过程控制、运动控制、数据处理、联网通信等功能的名副其实的多功能控制器。

自从第一台 PLC 出现以后，日本、德国、法国等也相继开始研究 PLC，并得到了迅速发展。目前，世界上有 200 多家 PLC 厂商，400 多种 PLC 产品，按地域可分成美国、欧洲和日本等三个流派产品，各流派 PLC 产品都各具特色，如日本主要发展中小型 PLC，其小型 PLC 性能先进、结构紧凑、价格便宜，在世界市场上占有重要地位。著名的 PLC 生产厂家主要有美国的 A-B（Allen-Bradly）公司、GE（General Electric）公司，日本的三菱电机（Mitsubishi Electric）公司、欧姆龙（OMRON）公司，德国的 AEG 公司、西门子（Siemens）公司，法国的 TE（Telemecanique）公司等。

推动 PLC 技术发展的动力主要来自于两个方面，第一是企业对高性能、高可靠性自动控制系统的客观需要和追求，例如关于 PLC 最初的性能指标就是由用户提出的。其次，大规模及超大规模集成电路技术的飞速发展，微处理器性能的不断提高，为 PLC 技术的发展奠定了基础并开拓了空间。这两个因素的结合，使得当今的 PLC 控制器在对高性能追求上，主要体现在以下几个方面。

（1）向高集成、高性能、高速度，大容量发展　微处理器技术、存储技术的发展十分迅猛，功能更强大，价格更便宜，研发的微处理器针对性更强。这为可编程控制器的发展提供了良好的环境。大型可编程控制器大多采用多 CPU 结构，不断地向高性能、高速度和大容量方向发展。

在模拟量控制方面，除了专门用于模拟量闭环控制的 PID 指令和智能 PID 模块，某些可编程控制器还具有模糊控制、自适应、参数自整定功能，使调试时间减少，控制精度提高。

（2）向普及化方向发展　由于微型可编程控制器的价格便宜，体积小、质量轻、能耗低，很适合用于单机自动化，它的外部接线简单，容易实现或组成控制系统，在很多控制领域中得到广泛应用。

（3）向模块化、智能化发展　可编程控制器采用模块化的结构，方便了使用和维护。智能 I/O 模块主要有模拟量 I/O、高速计数输入、中断输入、机械运动控制、热电偶输入、热电阻输入、条形码阅读器、多路 BCD 码输入/输出、模糊控制器、PID 回路控制、通信等模块。智能 I/O 模块本身就是一个小的微型计算机系统，有很强的信息处理能力和控制功能，有的模块甚至可以自成系统，单独工作。它们可以完成可编程控制器的主 CPU 难以兼顾的功能，简化了某些控制领域的系统设计和编程，提高了可编程控制器的适应性和可靠性。

（4）向软件化发展　编程软件可以对可编程控制器控制系统的硬件组态，即设置硬件的结构和参数，例如设置各框架各个插槽上模块的型号、模块的参数、各串行通信接口的参数等。在屏幕上可以直接生成和编辑梯形图、指令表、功能块图和顺序功能图程序，并可以实现不同编程语言的相互转换。可编程控制器编程软件有调试和监控功能，可以在梯形图中显示触点的通断和线圈的通电情况，查找复杂电路的故障非常方便。历史数据可以存盘或打印，通过网络或 Modem 卡，还可以实现远程编程和传送。

个人计算机（PC）的价格便宜，有很强的数学运算、数据处理、通信和人机交互的功能。目前已有多家厂商推出了在 PC 上运行的可实现可编程控制器功能的软件包，如亚控公司的 KingPLC。"软 PLC"在很多方面比传统的"硬 PLC"有优势，有的场合"软 PLC"可能是理想的选择。

（5）向通信网络化发展　伴随科技发展，很多工业控制产品都加设了智能控制和通信功能，如变频器、软起动器等。可以和现代的可编程控制器通信联网，实现更强大的控制功能。通过双绞线、同轴电缆或光纤联网，信息可以传送到几十公里远的地方，通过 Modem 和互联网可以与世界上其他地方的计算机装置通信。

相当多的大中型控制系统都采用上位计算机加可编程控制器的方案，通过串行通信接口或网络通信模块，实现上位计算机与可编程控制器交换数据信息。组态软件引发的上位计算机编程革命，很容易实现两者的通信，降低了系统集成的难度，节约了大量的设计时间，提高了系统的可靠性。国际上比较著名的组态软件有 Intouch、Fix 等，国内也涌现出了组态王、力控等一批组态软件。有的可编程控制器厂商也推出了自己的组态软件，如西门子公司的 WINCC。

3.1.2　可编程控制器的特点

可编程控制器实际上是面向用户需要，适宜安装在工作现场的、为进行生产控制所设计的专用计算机。因而它和计算机有基本类似的结构，但按其作用又有自己的特点：

1）编程简单，使用面向控制操作的控制逻辑语言，比如梯形图、顺序功能流程图。易于生产现场的工人掌握和使用，便于普及和应用。

2）可靠性高，抗干扰能力强，适于在恶劣的生产环境下运行。它完全不需要一般计算机所要求的环境。因为它采用了很多硬件措施（屏蔽、滤波、隔离等）和软件措施（故障的检测与处理、信息的保护与恢复等），以提高可靠性，适应生产现场的要求。

3）系统采用了分散的模块化结构。这不但使之可针对各类不同控制需要进行组合，便于扩展；也易于检查故障和维修更换，从而大大提高了效率。目前较高档的 PLC 还配有各类智能化模板，如：模拟量 I/O 模板，PID 过程控制模板，I/O 通信模板，视觉输入、伺服及编码等专用模板等，大大提高了 PLC 的功能与适应性。

4）由于 PLC 采用了大规模集成电路技术和微处理器技术，故可将其设计得紧凑、坚固、体积小，再加上它的可靠性，使其易于装入机械设备内部，实现机电一体化。

5）相对于继电器逻辑控制而言，PLC 可节省大量继电器，故降低了成本且提高了可靠性，而且用程序来执行控制功能，使其灵活易于修改。这一切都大大提高了其性能价格比。

6）目前中、高档 PLC 均具有极强的联网通信能力。通过简单的组合可连成工业局域网，在网络间通信。并可通过网络连接主控级的计算机，实现计算机集成制造系统对全厂的自动化生产和管理都能进行控制。

3.2　可编程控制器的基本组成

PLC 是一种工业控制用的专用计算机,在设计理念上,是计算机技术与继电器控制电路相结合的产物,因而它与工业控制对象有非常强的接口能力。由于 PLC 本质上仍然是一台适合于工业控制的微型计算机,所以它的基本结构和组成也具备一般微型计算机的特点:以中央处理单元(CPU)为核心,在系统程序(相当于操作系统)的管理下运行。PLC 与控制对象的接口由专门设计的 I/O 部件来完成,通常还需要配以专用的供电电源以及其他专用功能模块。PLC 的基本组成如图 3-1 所示。

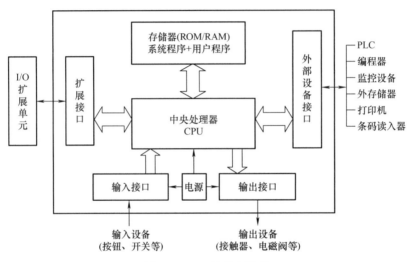

图 3-1　PLC 的基本组成

3.2.1　中央处理单元

中央处理单元(Central Processing Unit, CPU)是 PLC 的控制核心,负责完成逻辑运算、数字运算以及协调系统内各部分的工作。其主要功能有:

1)接收并存储用户程序和数据。

2)诊断电源故障、硬件故障以及用户程序的语法错误。

3)通过输入接口读取输入设备的状态和数据,并存储到相应的存储区。

4)读取用户程序指令,循环解释执行用户程序,完成逻辑运算、数字运算、数据传递、存储等任务。

5)刷新输出映像,将输出映像内容送至输出单元。

PLC 可以有多个 CPU 并行工作,当主 CPU 正常工作时,其他 CPU 处于热备用状态,随时可接替发生故障的 CPU 的工作,大大提高了系统的可靠性。

3.2.2　存储器单元

PLC 的 CPU 与计算机的存储器很相似。按照存储器的性质不同,存储器单元可分为随机存取存储器(RAM)和只读存储器(ROM)两种。按照存储内容的不同,存储器单元分成系统程序存储器和用户程序存储器。

1. 系统程序存储器

用于存放 PLC 生产厂家编写的系统程序，系统程序在出厂时已经被固化在 PROM 或 EPROM 中。这部分存储区不对用户开放，用户程序不能访问和修改。PLC 的所有功能都是在系统程序的管理下实现的。

2. 用户程序存储器

可分为程序存储区和数据存储区，程序存储器用于存放用户编写的控制程序，数据存储区存放的是程序执行过程中所需要的或者所产生的中间数据，包括输入/输出过程映像、定时器、计数器的预置值和当前值等。用户程序存储器容量的大小才是人们真正关心的，通常情况下，若无特别说明，厂家提供的 PLC 存储器容量均指用户程序存储器容量。

3. 2. 3　电源单元

电源单元负责给 PLC 提供其工作所需的 DC 5V 和 DC 24V 电源，除了给自身供电外，有些电源单元也可以作为负载电源，通过 PLC 的 I/O 接口向负载提供 DC 24V 电源。PLC 的电源一般采用开关电源，输入电压范围宽，抗干扰能力强。电源单元的输入与输出之间有可靠的隔离措施，以确保外界的扰动不会影响到 PLC 的正常工作。

电源单元还提供掉电保护电路和后备电池电源，以维持部分 RAM 存储器的内容在外界电源断电后不会丢失。在面板上通常有发光二极管（LED）作为电源的状态指示灯，便于判断电源工作是否正常。

3. 2. 4　输入、输出单元

PLC 的输入、输出单元也叫 I/O 单元，对于模块式的 PLC 来说，I/O 单元以模块形式出现，所以又称为 I/O 模块。I/O 单元是 PLC 与工业现场的接口，现场信号与 PLC 之间的联系通过 I/O 单元实现。工业现场的输入和输出信号包括数字量和模拟量两类，因此 I/O 单元也有数字 I/O 和模拟 I/O 两种，前者又称为 DI/DO，后者又称为 AI/AO。

输入单元将来自现场的电信号转换为中央处理器能够接受的电平信号，如果是模拟信号就需要进行 A/D 转换，变成数字量，最后送给中央处理器进行处理；输出单元则将用户程序的执行结果转换为现场控制电平或者模拟量，输出至被控对象，例如电磁阀、接触器、执行机构等。

作为抗干扰措施，输入、输出单元都带有光电耦合电路，将 PLC 与外部电路隔离。此外，输入单元带有滤波电路和显示，输出单元带有输出锁存器、显示、功率放大等部分。

PLC 的输入单元类型通常有直流、交流、交直流三种；输出单元通常有继电器方式、晶体管方式、晶闸管方式三种。继电器方式可带交流、直流两种负载，晶体管方式可带直流负载，晶闸管方式可带交流负载。

PLC 的输入、输出单元还应包括一些功能模块，所谓功能模块就是一些智能化了的输入和输出模块。比如，温度检测模块、位置检测模块、位置控制模块、PID 控制模块等。

3. 2. 5　其他接口单元

PLC 的 I/O 单元也属于接口单元的范畴，它完成 PLC 与工业现场之间电信号的往来联系。除此之外，PLC 与其他外界设备和信号的联系都需要相应的接口单元。

（1）I/O 扩展接口　I/O 扩展接口用于扩展输入/输出点数，当主机的 I/O 通道数量不能满足系统要求时，需要增加扩展单元，这时需要用到 I/O 扩展接口将扩展单元与主机连接起来。

（2）通信接口　在 PLC 的 CPU 单元或者专用的通信模块上，集成有 RS232C 口或 RS485 口，可与 PLC、上位机、远程 I/O、监视器、编程器等外部设备相连，实现 PLC 与上述设备之间的数据及信息的交换，组成局域网络或"集中管理，分散控制"的多级分布式控制系统。

（3）编程器接口　编程器接口用于连接编程器，PLC 本体通常是不带编程器的。为了能对 PLC 编程和监控，PLC 上专门设置有编程器接口。通过这个接口可以接各种形式的编程装置，还可以利用此接口做通信、监控工作。

（4）存储器接口　存储器接口是为了扩展存储区而设置的。用于扩展用户程序存储区和用户数据参数存储区，可以根据使用的需要扩展存储器，其内部也是接到总线上的。

（5）其他外部设备接口　外部设备接口包括条码读入器接口、打印机接口等。

3.3　可编程控制器的工作原理

可编程控制器是基于电子计算机的工业控制器，从其产生背景来看，PLC 系统与继电-接触器控制系统有着极深的渊源，PLC 是代替继电-接触器控制系统用于工业控制的一套系统，因此可以比照继电器系统来学习 PLC 的工作原理。

如图 3-2 所示，一个继电-接触器控制系统包含三部分：输入设备、逻辑电路、输出设备。输入设备主要包括各类按钮、转换开关、行程开关、接近开关、光电开关、传感器等；输出部分则是各种电磁阀线圈、接触器、信号指示灯等执行元件。将输入与输出联系起来的就是逻辑电路，一般由继电器、计数器、定时器等元件的触点、线圈按照对应的逻辑关系连接而成，能够根据一定的输入状态按照一定的规则输出所要求的控制动作。

基于 PLC 的控制系统也同样包含这三部分，唯一的区别是，PLC 是通过通用逻辑电路（硬件）和控制程序（软件）的结合来实现上述的所谓"逻辑电路"功能，用户所编制的控制程序体现了特定的输入、输出之间的逻辑关系。PLC 控制系统组成如图 3-3 所示。

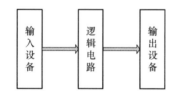

图 3-2　继电-接触器控制系统组成

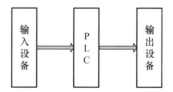

图 3-3　PLC 控制系统组成

3.3.1　可编程控制器的等效电路

如图 3-4 所示为一个典型的传统继电-接触器控制的启动/停止控制电路，由继电器等元件组成。电路中有两个输入设备，分别为启动按钮（SB_1）、停止按钮（SB_2）；接触器 KM 作为输出器件控制被控设备。图中的输入、输出逻辑关系由硬件连线实现。

当用 PLC 作为控制器来完成控制任务时，可将输入设备接入 PLC，而用 PLC 的输出单元连接驱动输出器件——接触器 KM，它们之间要满足的逻辑关系由用户编写程序实现。

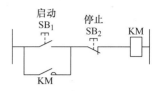

图 3-4　启动/停止控制电路

与图 3-4 等效的基于 PLC 的控制系统如图 3-5 所示。两个输入按钮信号经过 PLC 的接线端子进入输入接口电路，PLC 的输出经过输出接口、输出端子驱动接触器 KM；用户程序所采用的编程语言为梯形图语言。两个输入分别接入 X403 和 X407 端口，输出所用端口为 Y432，图中仅画出 8 个输入端口和 8 个输出端口，实际使用时可任意选用。输入映像和输出映像对应的是 PLC 内部的数据存储器，而非实际的继电器线圈。

以三菱 PLC 指令标识符号为例（其他型号 PLC 的指令标识符号类似），图 3-5 中的 X400～X407、Y430～Y437 分别表示输入、输出端口的地址，也对应着存储器空间中特定的存储位以及对应的接线端子，这些位的状态（ON 或者 OFF）表示相应输入、输出端口的状态。每一个输入、输出端口的地址是唯一固定的，PLC 的接线端子号与这些地址一一对应。由于所有的输入、输出状态都是由存储器位来表示的，它们并不是物理上实际存在的继电器线圈，所以常称它们为"软元件"，它们的常开、常闭触点可以在程序中无限次使用。

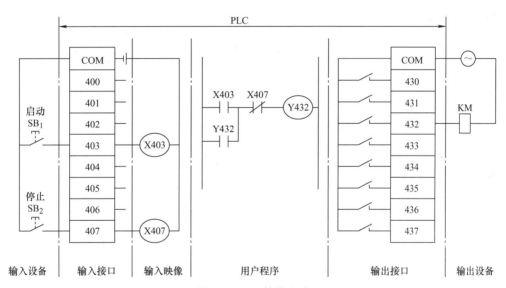

图 3-5　PLC 等效电路

3.3.2　可编程控制器的工作过程

PLC 的工作过程以循环扫描的方式进行，当 PLC 处于运行状态时，它的运行周期可以简单划分为三个基本阶段：输入采样阶段、程序执行阶段、输出刷新阶段。

1. 输入采样阶段

在输入采样阶段，PLC 逐个扫描每个输入端口，将所有输入设备的当前状态保存到相应的存储区，把专用于存储输入设备状态的存储区称为输入映像寄存器，图 3-5 中以椭圆（也称作"线圈"）形式标出的 X403、X407，实际上就是输入映像寄存器的形象比喻。

输入映像寄存器的状态被刷新后，将一直保存，直至下一个循环才会被重新刷新，所以当输入采样阶段结束后，如果输入设备的状态发生变化，只能在下一个扫描周期才能被 PLC 接收到。

2. 程序执行阶段

PLC 将所有的输入状态采集完毕后，进入用户程序的执行阶段。所谓用户程序的执行，并非是系统将 CPU 的工作交由用户程序来管理，CPU 所执行的指令仍然是系统程序中的指令。在系统程序的指示下，CPU 从用户程序存储区逐条读取用户指令，经解释后执行相应动作，产生相应结果，刷新相应的输出映像寄存器，期间需要用到输入映像寄存器及输出映像寄存器的相应状态。

当 CPU 在系统程序的管理下扫描用户程序时，按照先上而下、先左后右的顺序依次读取梯形图中的指令。以图 3-5 中的用户程序为例，CPU 首先读到的是常开触点 X403，然后在输入映像寄存器中找到 X403 的当前状态，接着从输出映像寄存器中得到 Y432 的当前状态，两者的当前状态进行"或"逻辑运算，结果暂存；CPU 读到的下一条梯形图指令是 X407 的常闭触点，同样从输入映像寄存器中得到 X407 的状态，将 X407 常闭触点的当前状态与上一步的暂存结果进行逻辑"与"运算，最后根据运算结果得到输出线圈 Y432 的状态（ON 或者 OFF），并将其保存到输出映像寄存器中，也就是对输出映像寄存器进行了刷新。请注意，在程序执行过程中用到了 Y432 的状态，这个状态是上一个周期执行的结果。

当用户程序被完全扫描一遍后，所有的输出映像都被依次刷新，系统进入下一个阶段，即输出刷新阶段。

3. 输出刷新阶段

在输出刷新阶段，系统程序将输出映像寄存器中的内容传送到输出锁存器中，经过输出接口及输出端子输出，驱动外部负载。输出锁存器一直将状态保持到下一个循环周期，而输出映像寄存器的状态在程序执行阶段是动态的。

根据上述过程的描述，可以对 PLC 工作过程的特点总结如下：

1）PLC 采用集中采样、集中输出的工作方式，这种方式减少了外界干扰的影响。

2）PLC 的工作过程是循环扫描的过程，循环扫描时间的长短取决于指令执行速度、用户程序的长度等因素。

3）输出对输入的响应有滞后现象。PLC 采用集中采样、集中输出的工作方式，当采样阶段结束后，输入状态的变化将要等到下一个采样周期才能被接收，因此这个滞后时间的长短又主要取决于循环周期的长短。此外，影响滞后时间的因素还有输入电路滤波时间、输出电路的滞后时间等。

4）输出映像寄存器的内容取决于用户程序扫描执行的结果。

5）输出锁存器的内容由上一次输出刷新期间输出映像寄存器中的数据决定。

6）PLC 当前实际的输出状态由输出锁存器的内容决定。

除了上面总结的六条外，需要补充说明的是，当系统规模较大，I/O 点数众多，用户程序比较长时，单纯采用上面的循环扫描工作方式会使系统的响应速度明显降低，甚至会丢失、错漏高频输入信号，因此大多数大中型 PLC 在尽量提高程序指令执行速度的同时，也采取了一些其他措施来加快系统响应速度。例如采用定周期输入采样、输出刷新，直接输入采样、直接输出刷新（详见第 4 章）、中断输入、输出，或者开发智能 I/O 模块，模块本身带有 CPU，可以与主机的 CPU 并行工作，分担一部分任务，从而加快整个系统的执行速度。

3.4 S7 –1200 PLC 系统及其基本组成

西门子 S7 – 1200 PLC 系列是一种中小型的控制系统，它有自身的特点和优势。SIMATIC S7 – 1200 控制器实现了模块化和紧凑型设计，功能强大、可扩展性强、灵活度高，可实现最高标准工业通信的通信接口以及一整套强大的集成技术功能，使该控制器成为完整、全面的自动化解决方案的重要组成部分。

S7 – 1200 PLC 系列使用完全集成的新工程组态 SIMATIC STEP 7 Basic，并借助 SIMATIC WinCC Basic 对 SIMATIC S7 – 1200 进行编程。SIMATIC STEP 7 Basic 的设计理念是直观、易学和易用。这种设计理念可以使用户在工程组态中实现最高效率。一些智能功能，例如直观编辑器、拖放功能和"IntelliSense"（智能感知）工具，能让工程进行地更加迅速。

3.4.1 S7 – 1200 PLC 系统的基本组成

S7 – 1200 PLC 硬件系统的组成采用整体式加积木式，即主机中包括一定数量的 I/O 端口，同时还可以扩展各种接口模块。

S7 – 1200 PLC 开发系统的基本组成包括基本单元（S7 – 1200 CPU 模块）、个人计算机（PC）或编程器（HMI）、RJ45 接口网线等，如图 3-6 所示。

S7 – 1200 CPU 模块提供一个 PROFINET 端口（RJ45 接口），通过 RJ45 接口网线以 PROFINET 通信协议与计算机等编程设备进行通信。还可使用附加模块通过 PROFIBUS、GPRS、RS485 或 RS232 网络进行通信，如图 3-7 所示。

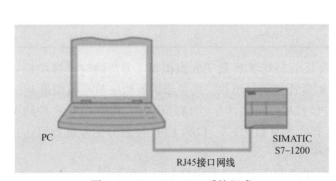

图 3-6 S7 – 1200 PLC 系统组成

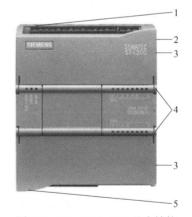

图 3-7 S7 – 1200 CPU 基本结构

1—电源接口 2—存储卡插槽（上部保护盖下面） 3—可拆卸用户接线连接器（保护盖下面）4—板载 I/O 的状态 LED 5—PROFINET 连接器（CPU 的底部）

3.4.2 基本单元（CPU 模块）

S7 – 1200 PLC 是一个系列，其中包括多种型号的 CPU，以适应不同需求的控制场合。近几年西门子公司推出的 S7 – 1200 CPU 121X 系列产品有：CPU 1211C、CPU 1212C、CPU 1214C、CPU1215C 和 CPU1217C。

不同的 CPU 型号提供了不同的特征和功能，这些特征和功能可帮助用户针对不同的应用创建有效的解决方案，有关特定 CPU 的详细信息，参考表 3-1。

表 3-1　S7 – 1200 CPU121X 系列产品的主要性能

型号		CPU1211C	CPU1212C	CPU1214C	CPU1215C	CPU1217C
用户存储器	工作	50KB	75KB	100KB	125KB	150KB
	负载	1MB			4MB	
	保持性	10KB				
本地板载 I/O	数字量	6 入/4 出	8 入/6 出	14 入/10 出		
	模拟量	2 入			2 入/2 出	
过程影像大小	输入（I）	1024B				
	输出（Q）	1024B				
位存储器（M）		4096B			8192B	
信号模块（SM）（右侧扩展）		无	2 个	8 个		
信号板（SB）、电池板（BB）或通信板（CB）		1 个				
通信模块（CM）（左侧扩展）		3 个				
高速计数器		3 点/100kHz				4 点/1MHz
输出脉冲		4 个，本体 100kHz，经信号板可达 200kHz（CPU 1217 最多支持 1MHz）				
存储卡		SIMATIC 存储卡（选配）				
实时时钟保持时间		通常为 40 天，40℃时最少 12 天（免维护超级电容）				
PROFINET 接口（以太网接口）		1 个			2 个	

任何 CPU 的前方均可加入一个信号板，轻松扩展数字或模拟量 I/O，同时不影响控制器的实际大小。主机可以通过在其右侧扩展连接信号模块，进一步扩展数字量或模拟量 I/O。CPU 1211C 不能扩展连接信号模块，CPU 1212C 可连接 2 个信号模块，其他 CPU 模块均可连接 8 个信号模块，如图 3-8 所示。所有的 SIMATIC S7 – 1200 CPU 控制器的左侧均可连接多达 3 个通信模块，便于实现端到端的串行通信。

S7 – 1200 PLC 系列各 CPU 模块的主要区别在于本机数字量 I/O 点数不同，其共性如下：

1）CPU 上面集成以太网接口。

2）CPU 供电范围广，AC 或 DC 电源形式集成的电源（AC 85～264V 或 DC 24V）。

3）集成数字量输出 DC 24V 或继电器，集成 DC 24V 数字量输入，集成模拟量输入 0～10V。

4）具有频率高达 100kHz 的脉冲序列输出，频率高达 100kHz 的脉宽调制输出，频率高达 100kHz 的高速计数器。

5）通过扩展附加的通信模块，例如 RS485 模块，实现了模块化特点，通过信号板直接

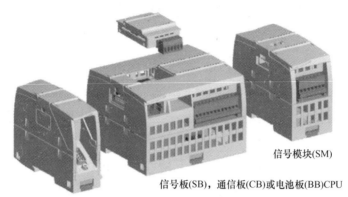

信号模块(SM)

信号板(SB)，通信板(CB)或电池板(BB)CPU

通信模块(CM)或通信处理器(CP)

图 3-8　CPU 模块

在 CPU 上扩展模拟量或数字量信号，实现了模块化特点，同时保持 CPU 原有空间，为用户在装配过程中节省了空间。

6）通过信号模块的大量模拟量和数字量输入和输出信号实现模块化特点。

7）用户可选择多种不同容量的存储卡，来实现程序下载、数据存储等功能。

8）具有运动控制功能，可以用于简单的运动控制；具有带自整定功能的 PID 控制器。

9）该系列 PLC 具有实时时钟、密码保护、时间中断、硬件中断、库功能，在线/离线诊断功能，并且所有模块上的端子都可拆卸，方便用户进行安装和接线。

3.4.3　信号板和信号模块

1. 信号板（SB）

信号板是可以内插在 CPU 模块中，用于扩展少量 I/O 点的一块小集成电路板。

S7－1200 PLC 的所有 CPU 模块都可以安装一块信号板，采用内嵌式安装，信号板直接插到 S7－1200 CPU 前面的插座中，实现电气、机械的连接，安装前后不会增加控制器所需的空间，安装尺寸不变，这也是 S7－1200 PLC 的一大亮点。

S7－1200 PLC 共有五种信号板，分别是：数字量输入/输出信号板 SB1221、SB1222、SB1223，模拟量输入/输出信号板 SB1231、SB1232。这五种信号板适用于所有的 CPU 模块，技术规范概要见表 3-2、表 3-3，其中常用的是 SB1223 和 SB1231。

表 3-2　S7－1200 PLC 数字量信号板技术规范概要

型　号		SB1221		SB1222		SB1223	
额定电压		5V	24V	5V	24V	5V	24V
电流消耗	SM 总线	40mA	40mA	35mA	35mA	35mA	35mA
	DC 5/24V	15mA/输入 +15mA	7mA/输入 +20mA	15mA	15mA	15mA/输入 +15mA	7mA/输入 +30mA
功耗		1.0W	1.5W	0.5W	0.5W	0.5W	1.0W
DI 点数		4	4	—	—	2	2
DO 点数		—	—	4	4	2	2

表 3-3 S7 – 1200 PLC 模拟量信号板技术规范概要

型号	SB1231		SB1232	
额定电压	5 V	24 V	5 V	24 V
功耗	1.5 W		1.5 W	
AI 点数	1 × 12bit			
AO 点数			1 × 12bit	

2. 信号模块（SM）

除了通过信号板进行少量点数的扩展外，S7 – 1200 PLC 也提供了各种信号模块（SM）进行较多点数的 I/O 扩展。

按照扩展的输入/输出信号的类型不同，可把信号模块分为数字量输入模块、数字量输出模块、数字量输入/输出模块，以及模拟量输入模块、模拟量输出模块和模拟量输入/输出模块。

信号模块连接在 CPU 的右侧。数字量输入模块（DI）、数字量输出模块（DO），模拟量输入模块（AI）、模拟量输出模块（AO），它们统称为信号模块。

大量不同的数字量和模拟量模块可精确提供各种任务所需的输入/输出。数字量和模拟量模块在通道数目、电压和电流范围、隔离、诊断和报警功能等方面有所不同。

CPU 模块内部的工作电压一般是 DC 5V，而 PLC 的外部输入/输出信号电压一般较高，例如 DC 24V 或 AC 220V。从外部引入的尖峰电压和干扰噪声可能损坏 CPU 中的元器件，或使 PLC 不能正常工作。在信号模块中，用光耦合器、光敏晶闸管、小型继电器等器件来隔离 PLC 的内部电路和外部的输入、输出电路。因此，信号模块除了传递信号外，还有电平转换与隔离的作用。

信号板与信号模块的不同之处可分以下三个方面：

1) 尺寸：安装信号板不影响 CPU 的安装尺寸，信号模块装在 CPU 的外侧，则影响 CPU 的尺寸。

2) 适用性：信号板适用于所有的 CPU 模块，信号模块不适用于 CPU1211C。

3) 扩展点数：信号板用于少数 I/O 点的扩展，信号模块用于较多点数、更灵活的 I/O 扩展。

信号模块有 SM1221、SM1222、SM1223、SM1231、SM1232、SM1234 等，其 I/O 数量见表 3-4。

表 3-4 信号模块 I/O 数量

型 号	DI	DO	AI	AO
SM 1221 8 DI, DC 24V（电流吸收/电流源）	8			
SM 1221, 16 DI, DC 24V（电流吸收/电流源）	16			
SM 1222 DQ 8 x DC 24V 输出（电流源）		8		
SM 1222 DQ 16 x DC 24V 输出（电流源）		16		
SM 1222 DQ 8 x 继电器输出		8		
SM 1222 DQ 8 x 继电器输出（转换触点）		8		

（续）

型　号	DI	DO	AI	AO
SM 1222 DQ 16 x 继电器输出		16		
SM 1223 8 x DC 24V 输入（电流吸收/电流源）/8 x DC 24V 输出（电流源）	8	8		
SM 1223 16 x DC 24V 输入（电流吸收/电流源）/16 x DC 24V 输出（电流源）	16	16		
SM 1223 8 x DC 24V 输入（电流吸收/电流源）/8 x 继电器输出	8	8		
SM 1223 16 x DC 24V 输入（电流吸收/电流源）/16 x 继电器输出	16	16		
SM 1223 DI 8 x AC 120/230V 输入（电流吸收/电流源）/8 x 继电器输出	8	8		
SM 1231 4 x 模拟量输入			4	
SM 1231 8 x 模拟量输入			8	
SM 1232 2 x 模拟量输出				2
SM 1232 4 x 模拟量输出				4
SM 1234 4 x 模拟量输入/2 x 模拟量输出			4	2
SM 1231 4 x 16 位模拟量输入			4	
SM 1231 TC 4 x 16 位			4	
SM 1231 TC 8 x 16 位			8	
SM 1231 RTD 4 x 16 位			4	
SM 1231 RTD 8 x 16 位			8	
SM1232，2x14 位模拟量输出				2
SM1232，4x14 位模拟量输出				4
SM1226				

3.4.4　通信板和通信模块

1. 通信板（CB）

S7 – 1200 PLC 的所有 CPU 模块都可以安装一块通信板（CB），采用内嵌式安装。与信号板的连接类似，通信板（CB）内插在 CPU 模块中，用于提供串行通信口，是一种简单经济的串口解决方案。

S7 – 1200 PLC 配套使用的通信板只有一种，型号为 CB1241 – RS485，CB1241 – RS485，允许 S7 – 1200 CPU 通过该通信板与西门子传动设备进行 USS 通信连接，实现 S7 – 1200 PLC 与传动设备 USS 通信。一个 CB1241 – RS485 接口最多同时连接 16 台驱动器。

CB1241 – RS485 模块还支持 ModbusRTU、点对点（PtP）等通信连接。该模块使用时接线如图 3-9 所示。

2. 通信模块（CM）

S7 – 1200 PLC 的可扩展性强、灵活性高也体现在它的通信模块（CM）设计上。S7 – 1200 PLC 最多可以增加 3 个通信模块，安装在 CPU 模块的左边。

CM 只能安装在 CPU 的左侧或者另外一个 CM 的左侧。西门子 S7 – 1200 PLC 系列的通信模块主要有 CM1241、CM1242、CM1243、CM1245、CM1278 等几种，主要型号与功能见表 3-5。

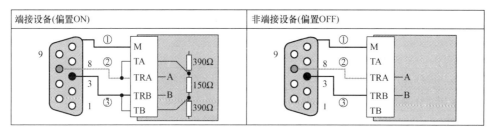

① 将 M 连接到电缆屏蔽

② A=TxD/RxD−(绿色线/针8)

③ B=TxD/RxD+(红色线/针3)

图 3-9 CB1241-RS485 模块接线

表 3-5 通信模块型号与功能

型　号	功　能
CM1278	4 × I/O Link MASTER
CM1241	RS485/RS422/RS232
CM1243 – 2	AS- Interface 主站
CM1243 – 5	PROFIBUS DP 主站模块
CM1242 – 5	PROFIBUS DP 从站模块
CM1242 – 7	GPRS 模块
TS 适配器 IE Basic	连接到 CPU
TS 模块 Modem	调制解调器
TS 模块 ISDN	ISDN
TS 模块 RS232	RS232

3.5　S7 –1200 PLC 开发环境简介

3.5.1　开发软件介绍

S7 – 1200 PLC 用户程序的编写，可以在 Step7 Basic 中进行。它提供了标准编程语言，供用户开发、编辑和监视用户程序。Step7 Basic V10.5 是投入中国市场的第一个版本，后来被合并到 TIA portal 软件中。

全集成自动化软件 TIA portal，简称"博途"，是西门子工业自动化集团发布的一款全新的全集成自动化软件。它是业内首个采用统一的工程组态和软件项目环境的自动化软件，几乎适用于所有自动化任务。借助该全新的工程技术软件平台，用户能够快速、直观地开发和调试自动化系统，可对西门子全集成自动化中所涉及的所有自动化和驱动产品进行组态、编程和调试。

博途有四个级别的版本：Basic、Comfort、Advanced、Professional。

1. 软件组成

专业版的博途软件由五部分组成：用于硬件组态和编写 PLC 程序的 SIMATIC Step7，用于仿真调试的 SIMATIC Step7 PLCSIM，用于组态可视化监控系统、支持触摸屏和 PC 工作站的 SIMATIC WinCC，用于设置和调试变频器的 SINAMICS Startdrive 和用于安全性 S7 系统的 Step7 Safety。

2. 软件安装要求

如果安装博途软件，为了保证软件流畅运行，要求个人计算机（PC）的配置为：微处理器为 Intel ⓡ Core™ i5 – 3320M 3. 3GHz 或更高版本，8GB 内存（不少于 4GB）；硬盘可用空间大于2GB；图形卡为32MB RAM，24位颜色深度，屏幕分辨率1920×1080（建议）；20Mbit/s以太网或更快。

以上软件可安装的计算机操作系统包括：Windows7 Home Premium SP1（Basic版），Windows7 Professional SP1 或 Enterprise SP1 或 Ultimate SP1，Windows8.1（Basic版），Windows 8.1 Pro 或 Enterprise，Microsoft Server 2012 R2 Standard，Windows Server 2008 R2 Standard Edition SP2。并且要求在管理员操作权限下进行安装和操作。

以上软件的兼容性是有限的，具体如下：

1）TIA Portal V13、Step7 V5.5、Step7 Micro/WIN V4.0 SP9可以在同一台电脑上安装并使用。

2）TIA Portal WinCC V13 和 WinCC flexible 2008 SP3 可以在同一台电脑上安装并使用。

3）TIA Portal WinCC V13 和 WinCC V7.0-V7.3 不能在同一台电脑上安装并使用。

3. 软件功能

SIMATIC Step7 软件支持的编程语言有：LAD、FBD、SCL、STL*、S7 – GRAPH*。

SIMATIC WinCC 支持对机器级控制和监视以及 SCADA 应用。

SIMATIC Step7 Basic 只支持对 S7 – 1200 PLC 进行编程，专业版 SIMATIC Step7 支持对所有 PLC 进行编程和组态。

3.5.2　开发软件基本使用方法

博途有两种视图：博途视图和项目视图，分别如图3-10和图3-11所示。

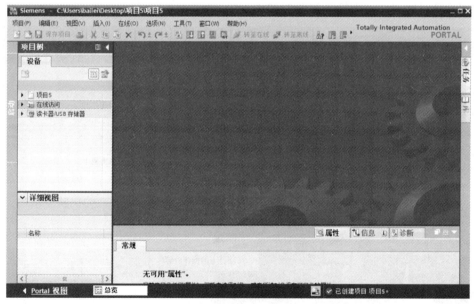

图 3-10　博途视图

在博途视图中，单击"项目"→"启动"→"创建新项目"，在右边栏目中输入项目名称、保存路径、作者、注释信息等，单击"创建"，可以启动一个新项目。

在项目视图中，打开"项目"菜单，选择"新建"，在右边栏目中输入项目名称、保存路径、作者、注释信息等，单击"创建"，可以创建一个新的项目；或者单击"启动"→"打开现有项目"，来启动一个现有项目。

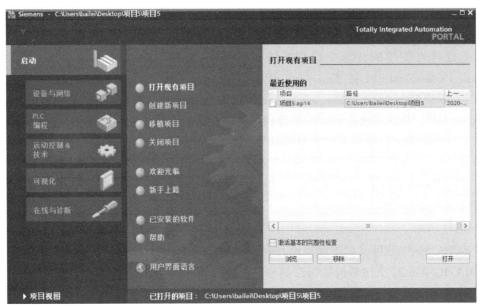

图 3-11　项目视图

项目视图的功能比博途视图强，操作内容更加丰富。因而大多数用户都选择在项目视图模式下进行硬件组态、编程、可视化监控画面系统设计、仿真调试、在线监控等操作。

在博途视图中，"项目"下的操作菜单有：启动、设备与网络、PLC 编程、运动控制 &技术、可视化、在线与诊断等。如图 3-12 所示。

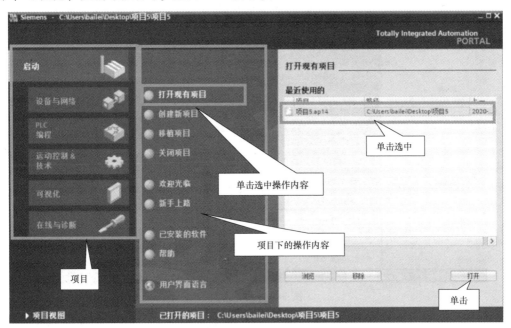

图 3-12　博途视图分区及新建项目示意图

3. 5. 3　S7 –1200 PLC 与编程 PC 的连接

S7 –1200 CPU 与 PC 通信时：第一需要进行硬件配置，如果是一对一通信，不需要以太网交换机；第二需要为 CPU 或网络设备分配 IP 地址。在 PROFINET 网络中，每个设备必须具有一个 MAC 地址和 Internet 协议（IP）地址。

设备与组态的大致步骤如下：①添加设备；②设备组态；③组态网络（组态网络之前，不能分配 I/O 设备的 I/O 地址）；④设置网络参数。

1. 硬件连接

在编程设备和 S7 – 1200 CPU 之间创建硬件连接时，首先安装 S7 – 1200 CPU，将以太网电缆的一端插入 PROFINET 端口中，另一端连接到编程设备上，如图 3-6 所示。

2. 组态

打开软件 TIA portal V14，创建一个新项目，命名为"S7 – 1200 与编程设备间的通信"，如图 3-13 所示。

图 3-13　创建新项目

单击"组态设备"→"添加新设备"，根据 PLC 实际型号选择添加新设备，如图 3-14 所示。

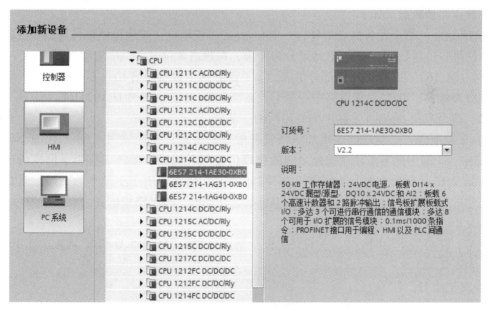

图 3-14　添加网络设备

3. 为编程设备和网络设备分配 IP 地址

用户可以使用桌面上的"网上邻居"分配或检查编程设备的 IP 地址：右键单击"网上邻居"→"属性"→"本地"→"属性"选项。在"本地连接属性"对话框中，在"此连接使用下列项目："区域向下滚动到"Internet 协议（TCP/IP）"，单击"Internet 协议（TCP/IP）"，然后单击"属性"按钮。选择"自动获得 IP 地址（DHCP）"或在"使用下面的 IP 地址"下输入静态 IP 地址。

为 S7 - 1200 CPU 分配 IP 地址时，采用的是在项目中组态 IP 地址的方法。使用 S7 - 1200 CPU 配置机架之后，可组态 PROFINET 接口的参数。为此，单击 CPU 上的绿色 PROFINET 框 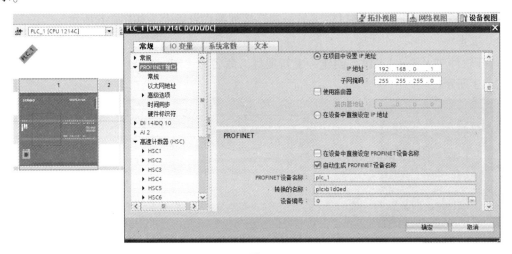 以选择 PROFINET 端口。巡视窗口中的"属性"选项卡会显示 PROFINET 端口，如图 3-15 所示。

图 3-15　设置 IP 地址

设置重要参数意义如下：

1）IP 地址：每个设备都必须具有一个 Internet 协议地址，该地址使设备可以在更加复杂的路由网络中传送数据。每个 IP 地址分为 4 段，每段占 8 位，并以十进制格式表示（例如：211.154.184.16）。IP 地址由两部分组成，第一部分用于表示网络 ID（正位于什么网络中），第二部分表示主机 ID（对于网络中的每个设备都是唯一的）。IP 地址 192.168.x.y 是一个标准名称，视为未在 Internet 上路由的专用网的一部分。

2）子网掩码：子网是已连接的网络设备的逻辑分组。在局域网（Local Area Network，LAN）中，子网中的节点往往彼此之间的物理位置相对接近。掩码（称为子网掩码或网络掩码）定义 IP 子网的边界，子网掩码 255.255.255.0 通常适用于小型本地网络，这意味着此网络中的所有 IP 地址的前 3 个 8 位位组应该是相同的，该网络中的各个设备由最后一个 8 位位组（8 位域）来标识。

例如，在小型本地网络中，为设备分配子网掩码 255.255.255.0 和 IP 地址 192.168.2.0 到 192.168.2.255。

4. 测试运行

在完成组态后，使用"扩展的下载到设备"对话框，测试所连接的网络设备 S7 - 1200 CPU "下载到设备"功能还可以显示所有可访问的网络设备，以及是否为所有设备都分配了唯一的 IP 地址（PG/PC 接口的类型：PN/IE；PG/PC 接口：Realtek PCIe FE Family Controller）。选中"显示所有可访问设备"复选框能够显示全部可访问和可用设备以及为其分配的 MAC 和 IP 地址，如图 3-16 所示。

编译检查没有错误后，就可以保存以上信息。

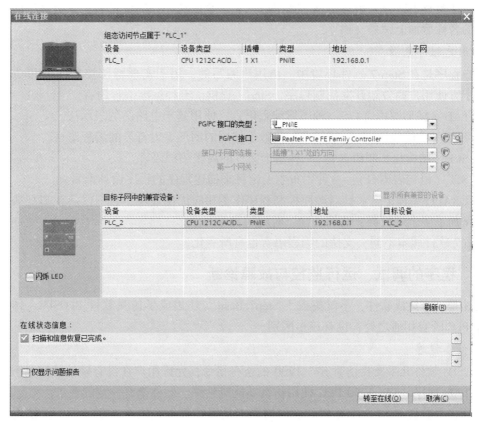

图 3-16 "扩展的下载到设备"对话框

3.5.4 PLC 用户程序编程

1. 程序块

项目中默认的只有一个用户程序块。要添加程序块，需要在项目树的程序块中，双击"添加新块"，然后选择块的名称、类型、编号和编程语言。可供选择的块类型有四种：组织块（OB）、函数块（FB）、函数（FC）、数据块（DB）（块的定义见第 5 章）。

OB、FC 块可供选择的编程语言有四种：LAD、FBD、STL 和 SCL。FB 块可供选择的编程语言有五种：LAD、FBD、STL、SCL 和 GRAPH。

2. 指令

系统提供的指令可以在指令目录和库目录窗口中选择。其中指令目录包含基本指令模块、扩展指令模块、工艺执行模块和通信指令模块四大类。

双击项目树中要编辑的程序块，就可以打开程序编辑器。具体参见第 5 章。

双击项目树窗口中的 PLC 变量的"显示所有变量"项目，就进入符号编辑器。编写 PLC 程序之前先创建变量有利于程序的阅读、分析和修改。

有效的 PLC 变量名允许使用字母、数字、特殊字符，但不允许使用引号。

PLC 变量的名称在 CPU 范围内具有唯一性，即使变量位于 CPU 的不同变量表中。块已经使用的名称、CPU 内其他 PLC 变量或常量的名称，不能用于新的 PLC 变量的命名。变量名的唯一性检查不区分大小写字母。如果输入了一个已经存在的变量名，系统会自动为第二次输入的名称后加上序号（1）。

3. 用户程序来源

用户程序是在 Step 7 软件环境中，由用户编写的、用于实现特殊控制任务和功能的程序。为了方便用户高效地开发控制程序，Step 7 提供了五种标准编程语言。

1）LAD（梯形图语言）：一种图形编程语言，使用基于电路图的表示法。

2）FBD（功能块语言）：基于布尔代数中使用的图形逻辑符号的编程语言。

3）SCL（结构化控制语言）：一种基于文本的高级编程语言。

4）STL（语句表语言）：一种用布尔助记符来描述程序的程序设计语言。

5）GRAPH 编程语言：针对顺序控制程序作了相应优化处理，它不仅具有 PLC 典型的元素，还增加了多个顺控器、监控条件、时间触发等。

Step 7 软件版本不同，支持的编程语言也有所变化。

3.5.5　程序的调试、运行监控与故障诊断

博途是一个集成软件，不仅集成了 Step7 Basic，还集成了仿真软件 PLCSIM。仿真 PLC 与实际 PLC 既有相通之处，也有较多区别。

1. 仿真程序

PLCSIM 软件几乎支持仿真 S7 - 1200 的所有指令，允许用户在没有硬件的情况下模拟调试 S7 - 1200 程序。S7 - 1200 PLC 使用仿真功能对软件、硬件都有一定的要求。

使用仿真软件对 S7 - 1200 PLC 硬件的要求是固件版本必须在 4.0 及以上。使用仿真软件对软件的要求是仿真软件版本在 S7 - PLCSIM V13 SP1 及以上。仿真软件 S7 - PLCSIM 几乎支持 S7 - 1200 的所有指令（系统函数和系统函数块）。

2. 监视和修改 CPU 中的数据

使用 Step7 Basic 可以监视和在线修改 CPU 中的数据。Step7 Basic 的数据监视与修改功能见表 3-6。

表 3-6　Step7 编辑器的在线功能

编　辑　器	监　视	修　改	强　制
监视表格	有	有	无
强制表格	有	无	有
程序编辑器	有	有	无
变量表	有	无	无
DB 编辑器	有	无	无

在 CPU 执行用户程序时，用户可以通过监视表格监视或修改变量值，如图 3-17 所示。可在项目中创建并保存不同的监视表格以支持各种测试环境，这使得用户可以在调试期间或出于维修和维护目的重新进行测试。

通过监视表格可监视 CPU 并与 CPU 交互，如同 CPU 执行用户程序一样。不仅可以显示或更改代码块和数据块的变量值，还可以显示或更改 CPU 存储区的值，包括输入和输出（I 和 Q）、外围设备输入（I_:P）、位存储器（M）和数据块（DB）。

使用"修改"（Modify）功能可以更改变量的值。但是，"修改"（Modify）功能对输入

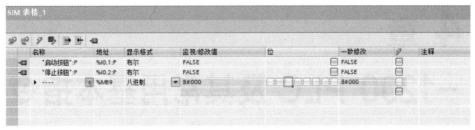

图 3-17　监视表格界面

（I）或输出（Q）不起作用，这是因为 CPU 会更新 I/O，并在读取已修改的值之前覆盖所有的已修改值。

可在 LAD 和 FBD 程序编辑器中监控多达 50 个变量的状态。在程序编辑器的工具栏中，单击"接通/断开监视"（Monitoring on/off）按钮，以显示用户程序的状态，如图 3-18 所示。

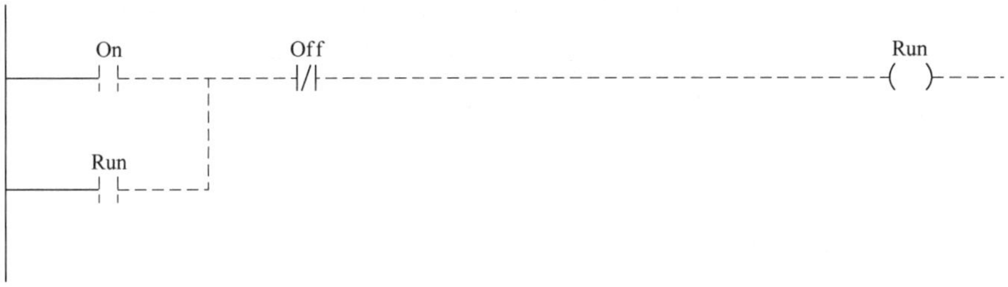

```
      On        Off                              Run
  ────┤ ├──┬──┤/├─────────────────────────────( )────
      Run  │
  ────┤ ├──┘
```

图 3-18　梯形图运行界面

程序编辑器中的网络以绿色显示能流。还可以用右键单击指令或参数，以修改指令值。

除上述仿真、监控功能外，Step7 Basic 软件还提供捕获 DB 的在线值以重设起始值，监视或修改 PLC 变量时使用触发器，在 CPU 处于 STOP 模式时写入输出、"强制"功能，在 RUN 模式下下载等操作功能，具体应用可参考 S7 – 1200 系统手册的相关章节。

习题与思考题

1. 可编程控制器的特点有哪些？
2. 可编程控制器与传统的继电器控制系统相比有哪些优点？
3. 从软硬件两个角度说明 PLC 的高抗干扰性能。
4. PLC 怎样执行用户程序？说明 PLC 在正常运行时的工作过程。
5. 如果数字量输入的脉冲宽度小于 PLC 的循环周期，是否能够保证 PLC 检测到该脉冲？为什么？
6. 影响 PLC 输出响应滞后的因素有哪些？你认为最重要的原因是哪一个？
7. 简述 S7 – 1200 PLC 系统的基本构成。
8. S7 – 1200 CPU 121X 系列有哪些产品？
9. S7 – 1200 PLC 扩展 I/O 点数的途径有哪些？
10. 常用的 S7 – 1200 PLC 的扩展板、模块有哪些？各适用于什么场合？
11. 总结 S7 – 1200 PLC 通过信号板和信号模块进行扩展时的区别。
12. 某 PLC 控制系统，经估算需要数字量输入点 20 个；数字量输出点 10 个；模拟量输入通道 5 个；模拟量输出通道 3 个。请选择 S7 – 1200 PLC 的机型及其扩展模块，要求按空间分布位置对主机及各模块的输入、输出点进行编址，并对主机内部的电源的负载能力进行校验。

第 **4** 章

S7 -1200 PLC 及其常用基本指令

IEC 61131-3 是世界上第一个，也是至今唯一的工业控制系统的编程语言标准，已经成为 DCS、IPC、FCS、SCADA 和运动控制系统的软件标准。

IEC 61131-3 的五种编程语言分别是：指令表（Instruction List）、结构文本（Structured Text, ST）、梯形图（LAdder Diagram, LAD）、功能块图（Function Block Diagram, FBD）、顺序功能图（Sequential Function Chart, SFC）。

西门子 S7 - 1200 PLC 的指令从功能上大致可分为三类：基本指令、扩展指令和工艺指令。本章在介绍 PLC 基本编程知识的基础上，着重以梯形图语言为重点，系统介绍 S7 - 1200 PLC 指令系统中常用的基本指令，以及具体应用的编程方法。

本章主要内容：

● S7 - 1200 编程基础

● S7 - 1200 基本指令及编程方法

本章重点是熟练掌握梯形图的编程方法，掌握基本指令和常用指令。通过对本章的学习，做到可以根据需要编制出结构较复杂的控制程序。

4.1 S7 -1200 PLC 编程基础

4.1.1 编程语言

西门子公司为 S7 - 1200 PLC 提供三种标准编程语言：梯形图（LAD）、功能块图（FBD）和结构化控制语言（SCL）。梯形图是基于电路图来表示的一种图形编程语言，功能块图是基于布尔代数中使用的图形逻辑符号来表示的一种编程语言，结构化控制语言是一种基于文本的高级编程语言。

为 S7 - 1200 PLC 创建代码块时，应选择该块要使用的编程语言。用户程序可以使用由任意或所有编程语言创建的代码块。

1. 梯形图（LAD）编程语言

梯形图（LAD）是与电气控制电路相呼应的图形语言。它沿用了继电器、触头、串并联等类似的图形符号，并简化了符号，还向多种功能（如数学运算、定时器、计数器和移动等）提供"功能框"指令。梯形图是融合逻辑操作、控制于一体，面向对象的、实时的、图形化的编程语言。梯形图按自上而下、从左到右的顺序排列，最左边的竖线称为起始母线（也称左母线），然后按一定的控制要求和规则连接各个节点，最后以继电器线圈或功能框指令结束，称为一个逻辑行或一个"梯级"。通常一个 LAD 程序段中有若干逻辑行（梯级），形似梯子，如图 4-1 所示，梯形图由此而得名。梯形图信号流向清楚、简单、直观、易懂，很适合电气工程人员使用。梯形图在 PLC 中用的非常普遍，通常各厂家、各型号 PLC 都把它作为第一用户语言。

图 4-1　梯形图语言示例

创建 LAD 程序段时应注意以下规则：

1）不能创建如图 4-2a 所示可能导致反向能流的分支。

2）不能创建如图 4-2b 所示可能导致短路的分支。

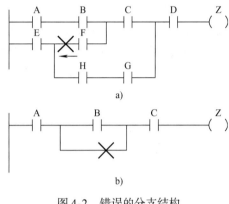

图 4-2　错误的分支结构

2. 功能块图（FBD）编程语言

功能块图（FBD）类似于普通逻辑功能图，它沿用了半导体逻辑电路的逻辑框图的表达方式，使用布尔代数的图形逻辑符号来表示控制逻辑，使用指令框来表示复杂的功能，有基本功能模块和特殊功能模块两类。基本功能模块如 AND、OR、XOR 等，特殊功能模块如脉冲输出、计数器等。一般用一种功能方框表示一种特定的功能，框图内的符号表达了该功能块的功能。功能框图语言示例如图 4-3 所示。

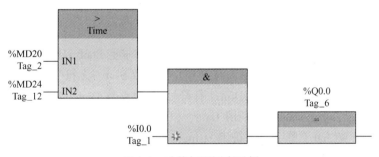

图 4-3　功能框图语言示例

3. 结构化控制语言（SCL）

结构化控制语言（Structured Control Language，SCL）是用于 SIMATIC S7 CPU 的基于 PASCAL 的高级编程语言。SCL 指令使用标准编程运算符，例如，赋值（：＝）、算术功能（＋表示相加，－表示相减，＊表示相乘，/表示相除）。SCL 也使用标准的 PASCAL 程序控制操作，如 IF-THEN-ELSE、CASE、REPEAT-UNTIL、GOTO 和 RETURN。结构化控制语言如图 4-4 所示。

LAD、FBD 和 SCL 之间可以有条件相互转换，建议初学者首先掌握梯形图语言编程，待熟练并积累一定的经验后再尝试应用其他编程语言。

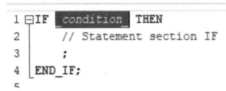

```
1 ⊟IF  condition  THEN
2 |     // Statement section IF
3 |      ;
4 | END_IF;
5
```

图 4-4　结构化控制语言示例

4. LAD、FBD 和 SCL 的 EN 和 ENO

EN（使能输入）是布尔输入。执行功能框指令时，能流（EN=1）必须出现在其输入端。如果 LAD 功能框的 EN 输入直接连接到左母线，将始终执行该指令。

ENO（使能输出）是布尔输出。如果功能框在 EN 输入端有能流且正确执行了其功能，则 ENO 输出会将能流（ENO=1）传递到下一个元素。如果执行功能框指令时检测到错误，则在产生该错误的功能框指令处终止该能流（ENO=0）。

LAD、FBD 的 EN 和 ENO 的操作数类型见表 4-1。

表 4-1　EN 和 ENO 的操作数类型

程序编辑器	输入/输出	操作数	数据类型
LAD	EN，ENO	能流	Bool
FBD	EN	I、L:P、Q、M、DB、Temp、能流	Bool
	ENO	能流	Bool
SCL	EN1	TRUE、FALSE	Bool
	ENO2	TRUE、FALSE	Bool

4.1.2　数据类型

1. 基本数据类型

S7-1200 PLC 的指令参数所用的基本数据类型有布尔型 Bool、字节型 Byte、字型 Word、双字型 DWord、无符号 8 位整数 USint、有符号 8 位整数 SInt、无符号 16 位整数 UInt、有符号 16 位整数 Int、无符号 32 位整数 UDint、有符号 32 位整数 Dint、32 位实数型 Real、64 位实数型 LReal、IEC 时间值 Time、日期值 Date，以及时钟值 TOD、日期和时间长型 DTL、单字符 Char、双字符 WChar、单字节字符串 String、双字节字符串 WString。

2. 数据长度与数值范围

CPU 存储器中不同的数据类型具有不同的数据长度和数值范围。常用数据类型、长度及其范围见表 4-2。

表 4-2　常用数据类型、长度及其范围

数据类型	符号	位　数	取值范围	常数举例
位	Bool	1	1，0	TRUE，FALSE 或 1,0
字节	Byte	8	16#00 ~ 16#FF	16#12,16#AB
字	Word	16	16#0000 ~ 16#FFFF	16#ABCD,16#0001
双字	DWord	32	16#00000000 ~ 16#FFFFFFFF	16#02468ACE

（续）

数 据 类 型	符 号	位 数	取 值 范 围	常 数 举 例
字符	Char	8	16#00 ~ 16#FF	'A' 't' '@'
有符号字节	SInt	8	− 128 ~ 127	123, − 123
有符号整数	Int	16	− 32768 ~ 32767	123, − 123
有符号双整数	Dint	32	− 2147483648 ~ 2147483647	123, − 123
无符号字节	USInt	8	0 ~ 255	123
无符号整数	UInt	16	0 ~ 65535	123
无符号双整数	UDint	32	0 ~ 4294967295	123
单精度浮点数（实数）	Real	32	$\pm 1.175495 \times 10^{-38}$ ~ $\pm 3.402823 \times 10^{38}$	12.45, − 3.4, − 1.2E + 3
双精度浮点数（实数）	LReal	64	$\pm 2.2250738585072020 \times 10^{-308}$ ~ $\pm 1.7976931348623157 \times 10^{308}$	12345.12345 − 1,2E + 40
时间	Time	32	T# − 24d_20h_31m_23s_648ms ~ T#24d_20h_31m_23s_647ms	T#1d_2h_15m_30s_45ms
日期	Date	16	D#1990-1-1 ~ D#2168-12-31	D#2009-12-31

4.1.3 存储器与地址

CPU 提供了以下用于存储用户程序、数据和组态的存储器：

1）装载存储器：用于非易失性地存储用户程序、数据和组态。将项目下载到 CPU 后，CPU 会先将程序存储在装载存储区中，该存储区位于存储卡（如存在存储卡）或 CPU 中。CPU 能够在断电后继续保持该非易失性存储区。存储卡支持的存储空间比 CPU 内置的存储空间更大。

2）工作存储器：是易失性存储器，是集成在 CPU 中的高速存取 RAM。类似于计算机的内存，用于在执行用户程序时存储用户项目的某些内容。CPU 会将一些项目内容从装载存储器复制到工作存储器中。该易失性存储区将在断电后丢失，而在恢复供电时由 CPU 恢复。

3）保持性存储器：用于非易失性地存储限量的工作存储器值。断电过程中，CPU 使用保持性存储器存储所选用户存储单元的值。如果发生断电或掉电，CPU 将在上电时恢复这些保持性值。

4）存储卡：可选的存储卡用来存储用户程序，或用于传送程序。

PLC 的存储器分为程序区、系统区、数据区。

系统区用于存放有关 PLC 配置结构的参数，如 PLC 主机及扩展模块的 I/O 配置和编址、配置 PLC 站地址，设置保护口令、停电记忆保持区、软件滤波功能等，存储器为 EEPROM。

数据区是 S7－1200 CPU 提供的存储器的特定区域。它包括过程映象输入（I）、物理输入（I_:P）、过程映象输出（Q）、物理输出（Q_:P）、位存储器（M）、临时存储器（L）、函数块（FB）的变量、数据块（DB）。数据区空间是用户程序执行过程中的内部工作区域。数据区使 CPU 的运行更快、更有效。存储器为 EEPROM 和 RAM。

用户对程序区、系统区和部分数据区进行编辑，编辑后写入 PLC 的 EEPROM。RAM 为 EEP-ROM 存储器提供备份存储区，用于 PLC 运行时动态使用。RAM 由大容量电容作停电保持。

1. 数据区存储器的地址表示格式

每个存储单元都有唯一的地址，用户程序利用这些地址访问存储单元中的信息。绝对地

址由以下元素组成:

1) 存储区标识符 (如 I、Q 或 M)。

2) 要访问的数据大小 ("B"表示 Byte、"W"表示 Word、"D"表示 DWord)。

3) 数据的起始地址 (如字节 3 或字 3)。

访问布尔值地址中的位时,不需输入数据大小的助记符号。仅需输入数据的存储区、字节位置和位位置 (如 I0.0、Q0.1 或 M3.4)。如图 4-5 所示,本示例中,存储区和字节地址 (M 代表位存储区,3 代表 Byte 3) 通过后面的句点 ("."。) 与位地址 (位 4) 分隔。

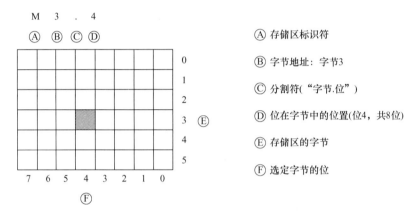

图 4-5 位地址格式

访问字节、字、双字地址数据区存储器区域格式为:ATx。必须指定区域标识符 A、数据长度 T 以及该字节、字或双字的起始字节地址 x。如图 4-6 所示,用 MB100、MW100、MD100 分别表示字节、字、双字的地址。MW100 由 MB100、MB101 两个字节组成;MD100 由 MB100 ~ MB103 四个组成。

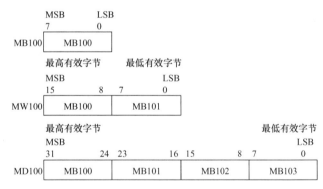

图 4-6 字节、字、双字寻址格式

2. 数据区存储器区域

(1) 过程映像输入/输出 (I/Q)

1) 过程映像输入 (I), 也称为输入映像寄存器 (I)。PLC 的输入端子是从外部接收输入信号的窗口。每一个输入端子与输入映像寄存器 (I) 的相应位相对应。输入点的状态,在每次扫描周期开始时进行采样,并将采样值存于输入映像寄存器,作为程序处理时输入点状态的依据。输入映像寄存器的状态只能由外部输入信号驱动,而不能在内部由程序指令来改变。输入映像寄存器 (I) 的地址格式为:

● 位地址:I [字节地址]. [位地址], 如 I0.1。

● 字节、字、双字地址:I [数据长度] [起始字节地址], 如 IB4、IW6、ID10。

2) 物理输入 (I_:P), 也称为物理输入点 (输入端子), 其功能是通过在读指令的位地址 I 偏移量后追加 ":P", 可执行立即读取物理输入点的状态 (例如: "% I3.4:P")。对于立即读取，直接从物理输入读取位数据值，而非从过程映像中读取。立即读取不会更新对应的过程映像。

3）过程映像输出（Q），也称为输出映像寄存器（Q）。每一个输出模块的端子与输出映像寄存器的相应位相对应。CPU 将输出判断结果存放在输出映像寄存器中，在下一个扫描周期开始时，CPU 以批处理方式将输出映像寄存器的数值复制到相应的输出端子上。通过输出模块将输出信号传送给外部负载。可见，PLC 的输出端子是 PLC 向外部负载发出控制命令的窗口。输出映像寄存器（Q）地址格式为：

- 位地址：Q［字节地址］.［位地址］，如 Q1.1。
- 字节、字、双字地址：Q［数据长度］［起始字节地址］，如 QB5、QW8、QD11。

4）物理输出（Q_:P），也称为物理输出点（输出端子），其功能是通过在写指令的位地址 Q 偏移量后追加 ":P"，可执行立即输出结果到物理输出点（例如："%Q3.4:P"）。对于立即输出，将位数据值写入输出过程映像输出并直接写入物理输出点。

（2）位存储器（M）　内部全局标志位存储器（M），是模拟继电器控制系统中的中间继电器，针对控制继电器及数据的位存储器（M 存储器），用于存储操作的中间状态或其他控制信息。可以按位、字节、字或双字访问位存储器。M 存储器允许读访问和写访问。位存储器（M）的地址格式为：

- 位地址：M［字节地址］.［位地址］，如 M26.7。
- 字节、字、双字地址：M［数据长度］［起始字节地址］，如 MB11、MW23、MD26。

（3）临时存储器（L）　CPU 根据需要分配临时存储器。启动代码块（对于 OB）或调用代码块（对于 FC 或 FB）时，CPU 将为代码块分配临时存储器并将存储单元初始化为 0。

临时存储器与位存储器类似，但有一个主要的区别：位存储器在"全局"范围内有效，而临时存储器在"局部"范围内有效。

1）位存储器：任何 OB、FC 或 FB 都可以访问位存储器中的数据，也就是说这些数据可以全局性地用于用户程序中的所有元素。

2）临时存储器（L）：CPU 限定只有创建或声明了临时存储单元的 OB、FC 或 FB 才可以访问临时存储器中的数据。临时存储单元是局部有效的，并且其他代码块不会共享临时存储器，即使在代码块调用其他代码块时也是如此。例如：当 OB 调用 FC 时，FC 无法访问对其进行调用的 OB 的临时存储器。

可以按位、字节、字、双字访问临时存储器，临时存储器（L）的地址格式为：

- 位地址：L［字节地址］.［位地址］，如 L0.0。
- 字节、字、双字地址：L［数据长度］［起始字节地址］，如 LB33、LW44、LD55。

（4）数据块（DB）　DB 存储器用于存储各种类型的数据，其中包括操作的中间状态或 FB 的其他控制信息参数，以及许多指令（如定时器和计数器）所需的数据结构。可以按位、字节、字或双字访问数据块存储器。读/写数据块允许读访问和写访问，只读数据块只允许读访问。

- 位地址：DB［数据块编号］.DBX［字节地址］.［位地址］，如 DB1.DBX2.3。
- 字节、字、双字地址：DB［数据块编号］.DB［大小］［起始字节地址］，如 DB1.DBB4、DB10.DBW 2、DB20.DBD8。

综上所述，S7 - 1200 PLC 的常用存储区（存储器）、基本功能以及相关约定可参阅表 4-3

所示内容。

表 4-3 常用存储区基本功能以及相关约定

存储区（符号）	功 能 说 明	强制	保持
过程映像输入（I）	在扫描循环开始时，从物理输入复制的输入值	无	无
物理输入（L:P）	通过该区域立即读取物理输入	支持	无
过程映像输出（Q）	在扫描循环开始时，将输出值写入物理输出	无	无
物理输出（Q_:P）	通过该区域立即写物理输出	支持	无
位存储器（M）	用于存储用户程序的中间运算结果或标志位	无	支持
临时存储器（L）	块的临时局部数据，只能供内部使用，只可以通过符合方式来访问	无	无
数据块（DB）	数据存储器与 FB 的参数存储器	无	支持

4.1.4　构建用户程序

SIMATIC S7 –1200 PLC 采用模块式编程结构。图 4-7 所示为一个用户程序代码块。

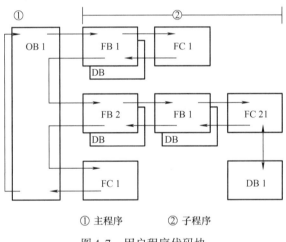

① 主程序　　② 子程序

图 4-7　用户程序代码块

编程以代码块为单位，CPU 支持以下类型的代码块，使用它们可以创建有效的用户程序结构：

1）组织块（OB）：操作系统与用户程序的接口，构架用户程序。由操作系统调用，OB 间不可互相调用。OB 可调用子函数如 FB/FC。组织块包括程序循环组织块（扫描循环执行）、启动组织块（startup，启动时执行一次，默认编号 100）、中断组织块。

2）功能块（FB）：附加背景数据块的子程序，内部含有静态变量，使用背景数据块 DB 来保存该 FB 调用实例的数据值，多数情况下需要多个扫描周期内执行完毕。

3）功能（FC）：不附加背景数据块的子程序，内部不含有静态变量，无需附加背景数据块，一个扫描周期内执行完毕。

4）背景数据块（DB）：保存 FB 的输入、输出变量、静态变量。

5）全局数据块（DB）：存储用户数据，所有代码块共享。

用户程序的执行顺序是：从一个或多个在进入 RUN 模式时运行一次的可选组织块

（OB）开始，然后执行一个或多个循环执行的程序循环 OB。还可以将 OB 与中断事件关联，该事件可以是标准事件或错误事件。当发生相应的标准或错误事件时，即会执行这些 OB。功能（FC）或功能块（FB）是指可从 OB 或其他 FC/FB 调用的程序代码块。

用户程序、数据及组态的大小受 CPU 中可用装载存储器和工作存储器的限制。对各个 OB、FC、FB 和 DB 块的数目没有特殊限制，但是块的总数限制在 1024 之内。每个周期都包括写入输出、读取输入、执行用户程序指令以及执行后台处理，该周期称为扫描周期或扫描。

4.2 基本指令

S7－1200 PLC 有 10 种基本指令，包含位逻辑运算指令、定时器指令、计数器指令、比较指令、数学运算指令、移动操作指令、逻辑运算指令、移位和循环移位指令、转换指令、程序控制指令。

4.2.1 位逻辑运算指令

位逻辑运算指令包含：触点和线圈等基本元素指令、置位和复位指令、上升沿和下降沿指令。位逻辑运算指令中如果有操作数，则为布尔型，操作数的编址范围可以是：I、I_:P、Q、Q_:P、M、L、DB。

1. 触点和线圈等基本元素指令

触点和线圈等基本元素指令包括触点、NOT 逻辑反相器、输出线圈，主要是与位相关的输入/输出及触点的简单连接。

（1）触点指令　在梯形图中，每个从左母线开始的单一逻辑行、每个程序块（逻辑梯级）的开始、指令盒的输入端都必须使用触点指令。触点有常开触点和常闭触点两种，可将触点相互连接并创建用户自己的组合逻辑。IN 值赋"0"时，常开触点保持断开（OFF），常闭触点保持闭合（ON）；IN 值赋"1"时，常开触点闭合（ON），常闭触点断开（OFF）。

触点串联方式连接，创建 AND 逻辑程序段；触点并联方式连接，创建 OR 逻辑程序段。

通过在 I 偏移量后追加":P"，可执行立即读取物理输入点（例如："%I3.4:P"，其中%表示绝对操作数，根据指令性质 STEP7 会自动添加该符号）的状态。对于立即读取，直接从物理输入点读取位数据值，而非从过程映像输入寄存器中读取。立即读取不会更新过程映像输入寄存器。

（2）NOT 逻辑反相器指令　NOT 逻辑反相器指令可对输入的逻辑运算结果（RLO）进行取反。NOT 触点取反能流输入的逻辑状态，输入为"1"则输出为"0"，输入为"0"则输出为"1"。

（3）输出线圈指令　输出线圈有赋值和赋值取反线圈两种，向输出位 OUT 写入布尔型值。

如果有能流通过输出线圈，赋值线圈输出位 OUT 设置为"1"，赋值取反线圈输出位 OUT 设置为"0"；如果没有能流通过输出线圈，赋值线圈输出位 OUT 设置为"0"，赋值取反线圈输出位 OUT 设置为"1"。

通过在 Q 偏移量后加上 ":P"，可指定立即写入物理输出点（例如："%Q3.4:P"）的状态，将位数据值写入过程映像输出寄存器并直接写入物理输出点。

触点和线圈等基本元素指令梯形图（LAD）编程实例如图 4-8 所示。

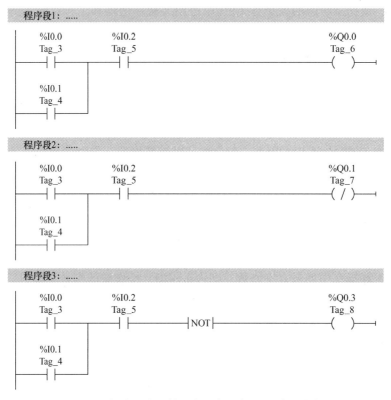

图 4-8 触点和线圈等基本元素指令 LAD 编程实例

程序执行的时序图如图 4-9 所示。

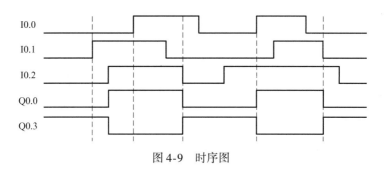

图 4-9 时序图

2. 置位和复位指令

置位和复位指令包括置位和复位线圈指令、置位和复位位域指令、置位优先和复位优先指令。置位即置 1 且保持，复位即置 0 且保持，即置位和复位指令具有"记忆"功能。

（1）置位和复位线圈指令 S（置位）激活时，OUT 地址处的数据值设为 1，S 不激活时 OUT 不变；R（复位）激活时，OUT 地址处的数据值设为 0，R 不激活时，OUT 不变。

置位和复位线圈指令梯形图（LAD）编程实例如图 4-10 所示。

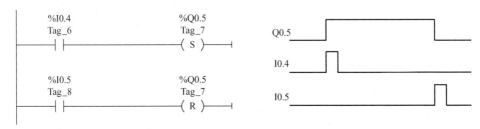

图 4-10　置位和复位线圈指令 LAD 编程实例

（2）置位和复位位域指令　SET_BF 和 RESET_BF 指令激活时，将位存储区的指定为 OUT 开始的 n 个同类存储器位置位或复位。

在梯形图（LAD）编程中，这些指令必须是分支中最右端的指令。

（3）置位优先和复位优先指令　RS 是置位优先锁存，其中置位优先；SR 是复位优先锁存，其中复位优先。分配位 INOUT 为待置位或复位的数据，分配位 Q 遵循 INOUT 位的状态。分配位 S、S1、R、R1、INOUT 和 Q 的数据类型都为布尔型，其中的 1 表示优先。RS 和 SR 指令的输入输出变化见表 4-4。

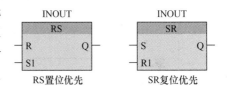

表 4-4　**RS 和 SR 指令输入输出变化**

指令	S1	R	INOUT	Q	指令	S	R1	INOUT	Q
RS	0	0	先前状态	遵循 INOUT 位的状态	SR	0	0	先前状态	遵循 INOUT 位的状态
	0	1	0			0	1	0	
	1	0	1			1	0	1	
	1	1	1			1	1	0	

置位优先和复位优先指令应用编程实例如图 4-11 所示，可应用于电动机的起、停控制。

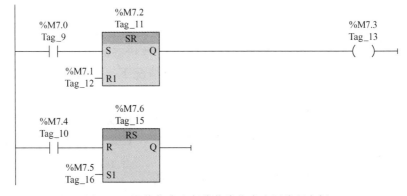

图 4-11　置位优先和复位优先指令应用编程实例

3. 上升沿和下降沿指令

上升沿和下降沿指令包括 P 和 N 触点指令、P 和 N 线圈指令、P_TRIG 和 N_TRIG 功能框指令、R_TRIG 和 F_TRIG 功能框指令。

（1）P 和 N 触点指令　P 和 N 触点指令扫描 IN 的上升沿和下降沿。分配位 IN 为指令要扫描的信号，数据类型为布尔型；分配位 M_BIT 保存上次扫描的 IN 的信号状态，数据类型为布尔型。仅将 M、全局 DB 或静态存储器（在背景 DB 中）用于 M_BIT 存储器分配。

执行指令时，P 和 N 触点指令比较 IN 的当前信号状态与保存在操作数 M_BIT 中的上一次扫描的信号状态。当检测到操作数 IN 的上升沿时（断到通），P 触点指令的信号状态将在一个程序周期内保持置位为 "1"；检测到操作数 IN 的下降沿时（通到断），N 触点指令的信号状态将在一个程序周期内保持置位为 "1"；在其他任何情况下，P 和 N 触点指令的信号状态均为 "0"。

P 和 N 触点指令梯形图（LAD）编程实例如图 4-12 所示。

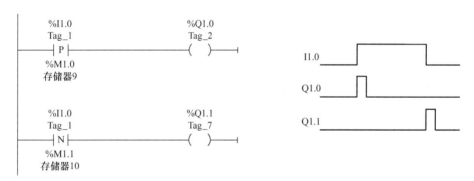

图 4-12　P 和 N 触点指令 LAD 编程实例

（2）P 和 N 线圈指令　P 和 N 线圈指令在信号上升沿和下降沿置位操作数。分配位 OUT 数据类型为布尔型；分配位 M_BIT 保存上次查询的线圈输入信号状态，数据类型为布尔型。仅将 M、全局 DB 或静态存储器（在背景 DB 中）用于 M_BIT 存储器分配。

执行指令时，P 和 N 线圈指令将比较当前线圈输入信号状态与保存在操作数 M_BIT 中的上一次查询的信号状态。检测到线圈输入信号状态的上升沿时，P 线圈指令将 OUT 在一个程序周期内置位为 "1"；检测到线圈输入信号状态的下降沿时，N 线圈指令将 OUT 在一个程序周期内置位为 "1"；在其他任何情况下，参数 OUT 的信号状态均为 "0"。

（3）P_TRIG 和 N_TRIG 功能框指令　P_TRIG 和 N_TRIG 功能框指令扫描 RLO（逻辑运算结果）的信号上升沿和下降沿。分配位 CLK 为指令要扫描的信号，数据类型为布尔型；分配位 M_BIT 保存上次扫描的 CLK 的信号状态，数据类型为布尔型，仅将 M、全局 DB 或静态存储器（在背景 DB 中）用于 M_BIT 存储器分配；Q 为指令边沿检测的结果，数据类型为布尔型。

执行指令时，P_TRIG 和 N_TRIG 指令比较 CLK 输入的 RLO 当前状态与保存在操作数 M_BIT 中上一次查询的信号状态。当检测到 CLK 输入的 RLO 上升沿时，P_TRIG 指令的 Q 将在一个程序周期内置位为 "1"；当检测到 CLK 输入的 RLO 下降沿时，N_TRIG 指令的 Q 将在一个程序周期内置位为 "1"；在其他任何情况下，输出 Q 的信号状态均为 "0"。

在 LAD 编程中，P_TRIG 和 N_TRIG 指令不能放置在程序段的开头或结尾。

上升沿和下降沿指令应用举例：设计故障信息显示电路，从故障信号 I0.0 的上升沿开始，Q0.7 控制的指示灯以 1Hz 的频率闪烁。操作人员按复位按钮 I0.1 后，如果故障已经消失，则指示灯灭；如果没有消失，则指示灯转为常亮，直至故障消失。

本控制功能的程序梯形图、时序图如图 4-13 所示，其中 M0.5 为系统特殊寄存器标志位，可以在该位设置提供 1s、占空比为 50% 的时钟脉冲。

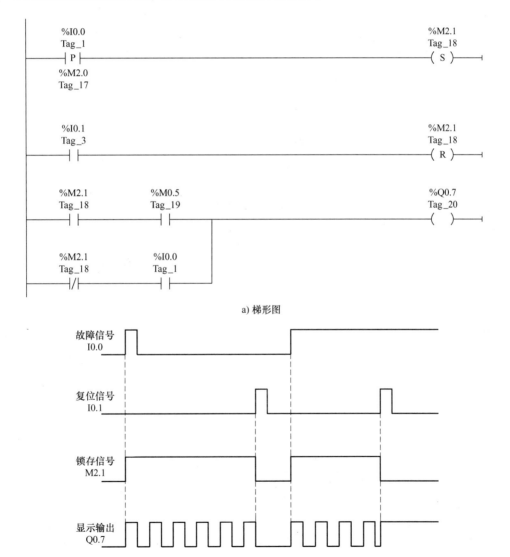

图 4-13　上升沿和下降沿指令 LAD 编程实例

（4）R_TRIG 和 F_TRIG 功能框指令 R_TRIG 和
F_TRIG 功能框指令检测信号上升沿和下降沿。分配位
CLK 为指令要扫描的信号，分配位 Q 为指令边沿检测的
结果，分配位 M_BIT 保存上次扫描的 CLK 的信号状态，

R_TRIG功能框   F_TRIG功能框

所有数据类型均为布尔型。指令调用时分配的背景数据块可存储 CLK 输入的前一状态。

使能输入 EN 为 "1" 时，执行 P_TRIG 和 N_TRIG 指令。执行指令时，R_TRIG 和
F_TRIG 指令比较参数 CLK 输入的当前状态与保存在背景数据块中上一次查询的信号状态。
检测到参数 CLK 输入信号上升沿时，R_TRIG 指令的输出 Q 将在一个程序周期内置位为
"1"；检测到参数 CLK 输入信号下降沿时，F_TRIG 指令的输出 Q 将在一个程序周期内置位
为 "1"。在其他任何情况下，输出 Q 的信号状态均为 "0"。

在 LAD 编程中，R_TRIG 和 F_TRIG 指令不能放置在程序段的开头或结尾。

4.2.2 定时器和计数器指令

定时器和计数器是由集成电路构成，是 PLC 中的重要硬件编程器件。两者电路结构基
本相同，对内部固定脉冲信号计数即为定时器，对外部脉冲信号计数即为计数器。

1. 定时器指令

用户程序中可以使用的定时器数仅受 CPU 存储器容量限制。每个定时器均使用 16 字节
的 IEC_ Timer 数据类型的 DB 结构来存储功能框或线圈指令顶部指定的定时器数据。STEP 7
会在插入指令时自动创建该 DB。

定时器指令包括脉冲型定时器 TP、接通延时定时器 TON、关断延时定时器 TOF 和保持
性接通延时定时器 TONR。

（1）TP 指令（脉冲型定时器） 脉冲型定时器可生成具有预设宽度时
间的脉冲，指令标识符为 TP。首次扫描，定时器输出 Q 为 0，当前值 ET
为 0。

IN 是指令使能输入，0 为禁用定时器，1 为启用定时器；PT 表示预设
时间的输入；Q 表示定时器的输出状态；ET 表示定时器的当前值，即定时器从启用时刻开始
经过的时间。PT 和 ET 以前缀 "T#" + "TIME" 数据类型表示，取值范围 0 ~ 2147483647ms。

TP 指令执行时的时序图如图 4-14 所示。由时序图可以得出，在使用 TP 指令时，可以
将输出 Q 置位为预设的一段时间，当定时器的使能端 IN 的状态从 OFF 变为 ON 时，可启动
该定时器指令，定时器开始计时。同时输出 Q 置位，并持续预设 PT 时间后复位。在使能端
IN 的状态从 OFF 变为 ON 后，无论后续使能端的状态如何变化，都将输出 Q 置位由 PT 指定
的一段时间。若定时器正在计时，即使检测到使能端的信号再次从 OFF 变为 ON 的状态，输
出 Q 的信号状态也不会受到影响。定时器复位的条件为 ET 当前值等于 PT 且 IN 为 OFF，定
时器复位的结果是输出 Q 为 0 且当前值 PT 清零。

（2）TON（接通延时定时器） 接通延时定时器在预设的单一时段延
时过后将输出 Q 设置为 ON，定时器的指令标识符为 TON。指令中引脚定
义与 TP 定时器指令引脚定义一致。

TON 指令执行时的时序图如图 4-15 所示。由时序图可以得出，在使

用 TON 指令时，当定时器的使能端 IN 为 1 时启动该指令。定时器指令启动后开始计时，在定时器的当前值 ET 与设定值 PT 相等时，输出端 Q 输出为 ON。只要使能端的状态仍为 ON，输出端 Q 就保持输出为 ON。若使能端的信号状态变为 OFF，则将复位输出端 Q 为 OFF。在使能端再次变为 ON 时，该定时器功能将再次启动。

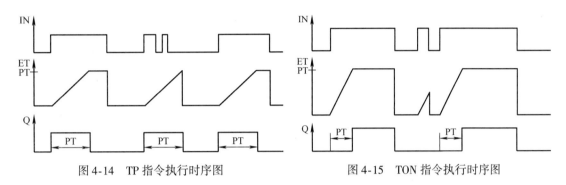

图 4-14　TP 指令执行时序图　　　　　图 4-15　TON 指令执行时序图

（3）TOF 指令（关断延时定时器）　关断延时定时器在预设的单一时段延时过后将输出 Q 重置为 OFF，定时器的指令标识符为 TOF。指令中引脚定义与 TP/TON 定时器指令引脚定义一致。

TOF 指令执行时的时序图如图 4-16 所示。由时序图可以得出在使用 TOF 指令时，当定时器的使能端 IN 为 ON 时，将输出端 Q 置位为 ON。当使能端的状态变回 OFF 时，定时器开始计时，当前值 ET 达到预设值 PT 时，将输出端 Q 复位。如果输出使能端的信号状态在 ET 的值小于 PT 值时变为 ON，则复位定时器，输出 Q 的信号状态仍将为 ON。

（4）TONR 指令（保持性接通延时定时器）　保持性接通延时定时器在预设的多时段累积延时过后将输出 Q 设置为 ON，标识符为 TONR。指令中引脚定义中 R 表示重置（复位）定时器，其余与 TP/TON 定时器指令引脚定义一致。

保持性接通延时定时器的功能与接通延时定时器的功能基本一致，区别在于，保持型接通延时定时器在定时器的输入端状态变为 OFF 时，定时器的当前值不清零，在使用 R 输入重置（复位）经过的时间之前，会跨越多个定时时段一直累加经过的时间，而接通延时定时器，在定时器的输入端状态变为 OFF 时，定时器的当前值会自动清零。

TONR 指令执行时的时序图如图 4-17 所示。由时序图可以得出在使用 TONR 指令时，当定时器的使能端 IN 为 ON 时，启动定时器。只要定时器的使能端保持为 ON，则记录运行时间。如果使能端变为 OFF，则指令暂停计时。如果使能端变回为 ON，则继续累加记录运行时间。如果定时器的当前值 ET 等于设定值 PT 时，并且指令的使能端为 ON，则定时器的输出端状态为 1。若定时器的复位端 R 为 ON 时，则定时器的当前值清零，输出端的状态变为 OFF。

定时器应用举例：用三种定时器设计卫生间冲水控制电路，图 4-18 是卫生间冲水控制程序梯形图和执行时序图。I0.7 是光电开关检测到的有使用者的信号，用 Q1.0 控制冲水电磁阀。

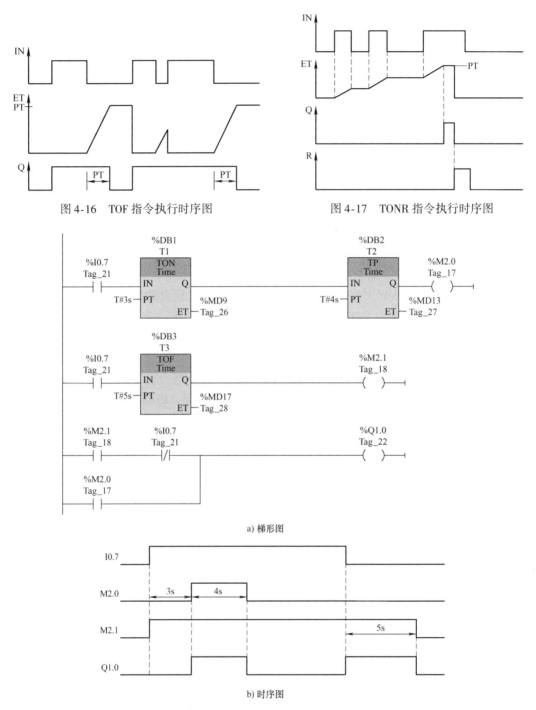

图 4-16　TOF 指令执行时序图　　　　图 4-17　TONR 指令执行时序图

a) 梯形图

b) 时序图

图 4-18　卫生间冲水控制程序梯形图和时序图

从 I0.7 的上升沿（有人使用）开始，用接通延时定时器 T1 延时 3s，3s 后 T1 的常开触点接通，使脉冲定时器 T2 的线圈通电，T2 的常开触点输出一个 4s 的脉冲。从 I0.7 的上升沿开始，断开延时定时器 T3 的常开触点接通。使用者离开时（在 I0.7 的下降沿），断开延时定时器开始定时，5s 后 T3 的常开触点断开。

2. 计数器指令

计数器用来累计输入脉冲的次数，可使用计数器指令对内部程序事件和外部过程事件进行计数。计数器与定时器的结构和使用基本相似，每个计数器都使用数据块中存储的结构来保存计数器数据，用户在编辑器中放置计数器指令时分配相应的数据块，STEP7 会在插入指令时自动创建 DB。编程时需要输入预设值 PV（计数的次数），数据类型可为：SInt、Int、DInt、USInt、UInt、UDInt。计数器累计它的脉冲输入端电位上升沿个数，当计数值达到预设值 PV 时，发出中断请求信号，以便 PLC 做出相应的处理。

计数器指令包含加计数器 CTU 指令、减计数器 CTD 指令和加减计数器 CTUD 指令。

(1) CTU 指令　首次扫描，计数器输出 Q 为 0，当前值 CV 为 0。加计数器对计数输入端 CU 脉冲输入的每个上升沿，计数 1 次，当前值增加 1 个单位。PV 表示预设计数值，R 用来将计数值重置为零，CV 表示当前计数值，Q 表示计数器的输出参数。

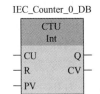

CTU 指令执行时的时序图如图 4-19 所示。当输入信号 CU 的值由 0 变为 1 时，CTU 计数器会使当前计数值 CV 加 1。图中显示了计数值为无符号整数时的运行，预设值 PV 为 3。如果当前 CV 的值大于或等于 PV 的值，则计数器输出参数 Q = 1；如果复位参数 R 的值由 0 变为 1，则当前计数值 CV 重置为 0。

(2) CTD 指令　首次扫描，计数器输出 Q 为 0，当前值 CV 为预设值 PV。减计数器对计数输入端 CD 脉冲输入的每个上升沿，计数 1 次，当前值减少 1 个单位。LD 用来重新装载预设值，PV、CV、Q 与 CTU 加计数器指令引脚定义一致。

CTD 指令执行时的时序图如图 4-20 所示。当输入信号 CD 的值由 0 变为 1 时，CTD 计数器会使当前计数值 CV 减 1。图中显示了计数值为无符号整数时的运行，预设值 PV 为 3。如果当前 CV 的值等于或小于 0，则计数器输出参数 Q = 1；如果复位参数 LD 的值由 0 变为 1，则预设值 PV 将作为新的当前计数值 CV 装载到计数器。

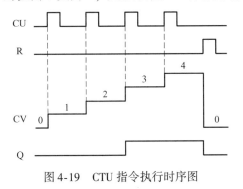

图 4-19　CTU 指令执行时序图

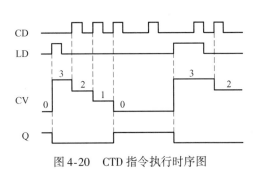

图 4-20　CTD 指令执行时序图

(3) CTUD 指令　首次扫描，计数器输出 QU 和 QD 均为 0，当前值 CV 为 0。加减计数器对计数输入端 CU 脉冲输入的每个上升沿，当前值增加 1 个单位；对计数输入端 CD 脉冲输入的每个上升沿，当前值减少 1 个单位。R 用来将计数值重置为零，LD 用来重新装载预设值，QU、QD 表示计数器的输出参数，PV、CV 与 CTU 加计数器指令引脚定义

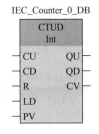

一致。

CTUD 指令执行时的时序图如图 4-21 所示。当加计数 CU 或减计数 CD 的值由 0 变为 1 时，CTUD 计数器会使当前计数值 CV 加 1 或减 1。图中显示了计数值为无符号整数时的运行，预设值 PV 为 4。如果当前值 CV 的值大于或等于 PV 的值，则计数器输出参数 QU = 1；如果当前值 CV 的值等于或小于 0，则计数器输出参数 QD = 1；如果复位参数 LD 的值由 0 变为 1，则预设值 PV 的值将作为新的当前计数值 CV 装载到计数器；如果复位参数 R 的值由 0 变为 1，则当前计数值 CV 重置为 0。

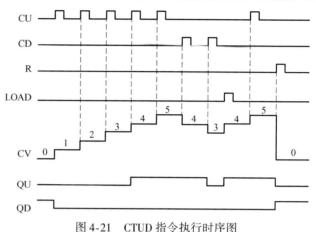

图 4-21　CTUD 指令执行时序图

计数器应用举例：设计一个包装用传输带，按下启动按钮启动，每传送 100 件物品，传送带自动停止；然后再按下启动按钮，进行下一轮传送。

I0.0 接常开启动按钮，I0.1 接光电计数传感器，Q0.0 控制传送带电机起停，具体控制程序如图 4-22 所示。

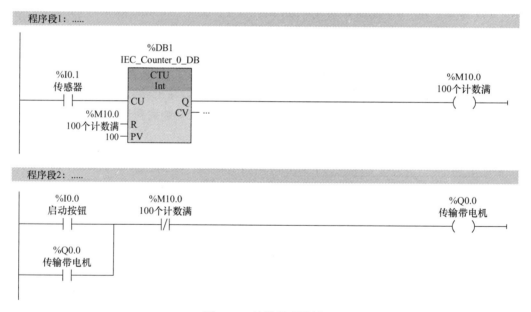

图 4-22　计数程序举例

4.2.3　比较指令

比较指令包括比较值指令、IN_RANGE 和 OUT_RANGE 功能框指令、OK 和 NOT_OK 指令、VARIANT 指针比较指令。

1. 比较值指令

比较值指令见表 4-5，支持多种比较类型，用来比较数据类型相同的

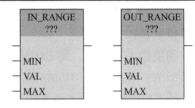

IN1 和 IN2 的大小。当这两数比较结果为真时，该触点接通。IN1 和 IN2 的

数据类型可为：Byte、Word、DWord、SInt、Int、Dint、USInt、UInt、UDInt、Real、LReal、String、WString、Char、Time、Date、常数等。

表 4-5　比较值指令比较类型说明

比较类型	满足以下条件时结果为真	比较类型	满足以下条件时结果为真
=	IN1 等于 IN2	<=	IN1 小于等于 IN2
<>	IN1 不等于 IN2	>	IN1 大于 IN2
>=	IN1 大于等于 IN2	<	IN1 小于 IN2

2. IN_RANGE 和 OUT_RANGE 指令

使用 IN_RANGE 和 OUT_RANGE 指令可测试输入值是在指定的值范围之内还是之外。

IN_RANGE 和 OUT_RANGE 指令将输入 VAL 与比较下限 MIN 和比较上限 MAX 进行比较，VAL 与 MIN 和

MAX 的数据类型可为：SInt、Int、Dint、USInt、UInt、UDInt、Real、LReal、常数。

功能框输入信号状态为 1 时，执行 IN_RANGE 和 OUT_RANGE 指令。如果输入 VAL 的值满足 MIN <= VAL <= MAX，IN_RANGE 功能框输出信号为"1"，OUT_RANGE 功能框输出信号为"0"；否则，IN_RANGE 功能框输出信号为"0"，OUT_RANGE 功能框输出信号为"1"。

4.2.4　数学运算指令

1. 加法运算指令

指令标识符 ADD，使能输入有效时，指令会对输入值（IN1 和 IN2）执行相加运算并将结果存储在通过输出参数（OUT）指定的存储器地址中。

IN1、IN2 的数据类型为：SInt、Int、DInt、USInt、UInt、UDInt、Real、LReal、常数。OUT 的数据类型为：SInt、Int、DInt、USInt、UInt、UDInt、Real、LReal。

2. 减法运算指令

指令标识符 SUB，使能输入有效时，指令会对输入值（IN1 和 IN2）执行相减运算并将结果存储在通过输出参数（OUT）指定的存储器地址中。

IN1、IN2 的数据类型为：SInt、Int、DInt、USInt、UInt、UDInt、Real、LReal、常数。OUT 的数据类型为：SInt、Int、DInt、USInt、UInt、UDInt、Real、LReal。

3. 乘法运算指令

指令标识符 MUL，使能输入有效时，指令会对输入值（IN1 和 IN2）执行相乘运算并将结果存储在通过输出参数（OUT）指定的存储器地址中。

IN1、IN2 的数据类型为：SInt、Int、DInt、USInt、UInt、UDInt、Real、LReal、常数。
OUT 的数据类型为：SInt、Int、DInt、USInt、UInt、UDInt、Real、LReal。

4. 除法运算指令

指令标识符 DIV，使能输入有效时，指令会对输入值（IN1 和 IN2）执行相除运算并将结果存储在通过输出参数（OUT）指定的存储器地址中。整数除法运算会截去商的小数部分以生成整数输出。

IN1、IN2 的数据类型为：SInt、Int、DInt、USInt、UInt、UDInt、Real、LReal、常数。
OUT 的数据类型为：SInt、Int、DInt、USInt、UInt、UDInt、Real、LReal。

5. 递增和递减指令

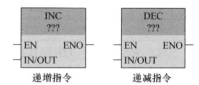

递增（INC）、递减（DEC）指令，又称自增和自减指令，是对无符号或有符号整数进行自动增加或减少一个单位的操作。

使能输入有效时，将 IN/OUT 值自增或自减，即 IN_OUT + 1 = IN_OUT。IN/OUT 的数据类型为：SInt、Int、DInt、USInt、UInt、UDInt。

递增指令执行程序实例如图 4-23 所示。当 I0.0 输入有效时，执行结果为 MB0 + 1→MB0。

图 4-23　递增指令执行程序实例

6. 数学函数指令

使用浮点指令可编写使用 Real 或 LReal 数据类型的数学运算程序。数学函数指令具体说明参见表 4-6。

表 4-6　数学函数指令说明

指令标识符	指令功能说明
SQR	平方（$IN^2 = OUT$）
SQRT	平方根（$\sqrt{IN} = OUT$）
LN	自然对数（$LN(IN) = OUT$）
EXP	自然指数（$e^{IN} = OUT$），其中底数 e = 2.71828182845904523536
SIN	正弦（sin（IN 弧度）= OUT）
COS	余弦（cos（IN 弧度）= OUT）
TAN	正切（tan（IN 弧度）= OUT）
ASIN	反正弦（arcsine(IN) = OUT 弧度），其中 sin(OUT 弧度) = IN
ACOS	反余弦（arccos(IN) = OUT 弧度），其中 cos(OUT 弧度) = IN
ATAN	反正切（arctan(IN) = OUT 弧度），其中 tan(OUT 弧度) = IN
FRAC	提取小数（浮点数 IN 的小数部分 = OUT）

（续）

指令标识符	指令功能说明	
EXPT	一般指数（IN1 ^{IN2} = OUT）	
数学函数 指令示例	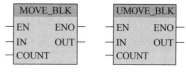 平方根指令　　　　SIN指令	IN 的数据类型为： Real、LReal、常数 OUT 的数据类型为： Real、LReal

4.2.5　移动操作指令

移动操作指令包括移动 MOVE、MOVE_BLK 和 UMOVE_BLK 指令，填充 FILL_BLK 和 UFILL_BLK 指令，交换 SWAP 指令，指针移动 Variant 指令。

1. MOVE 指令

MOVE（移动值）指令将存储在 IN 指定的源地址的单个数据元素复制到 OUT 指定的单个或多个目标地址（可通过指令框添加多个目标地址），要求 IN 和 OUT 的数据类型一致。

IN 和 OUT 支持的数据类型为：SInt、Int、Dint、USInt、UInt、UDInt、Real、LReal、Byte、Word、DWord、Char、WChar、Array、Struct、DTL、Time、Date、TOD 等。

2. MOVE_BLK 和 UMOVE_BLK 指令

MOVE_BLK（可中断移动块）和 UMOVE_BLK（不可中断移动块）指令可将数据块或临时存储区中一个存储区的数据移动到另一个存储区中，要求源范围和目标范围的数据类型相同。

IN 指定源起始地址，OUT 指定目标起始地址，COUNT 用于指定将移动到目标范围中的元素个数。通过 IN 中元素的宽度来定义元素待移动的宽度。MOVE_BLK 和 UMOVE_BLK 指令在处理中断的方式上有所不同：MOVE_BLK 指令在执行过程中可排队并响应中断，UMOVE_BLK 指令在执行过程中可排队但不响应中断。

IN 和 OUT 支持的数据类型为：SInt、Int、Dint、USInt、UInt、UDInt、Real、LReal、Byte、Word、DWord、Time、Date、TOD、WChar。

COUNT 的数据类型为：UInt 或常数。

3. FILL_BLK 和 UFILL_BLK 指令

FILL_BLK（可中断填充）和 UFILL_BLK（不可中断填充）指令，使能输入 EN 为 "1" 时执行填充操作，输入 IN 的数据会从输出 OUT 指定的目标起始地址开始填充目标存储区域，输入 COUNT 指定填充范围。

IN 和 OUT 支持的数据类型为：SInt、Int、Dint、USInt、UInt、UDInt、Real、LReal、Byte、Word、DWord、Time、Date、TOD、WChar。IN 中数据可为常数。OUT 指定的目标存储区域只能在数据块（DB）或临时存储区（L）中。

COUNT 的数据类型为：UInt 或常数。

4. SWAP 指令

SWAP 为交换指令，支持 Word 和 DWord 数据类型，用于调换二字节和四字节数据元素的字节顺序，但不改变每个字节中的位顺序。

SWAP 指令交换数据类型为 DWORD 的操作数，如图 4-24 所示。

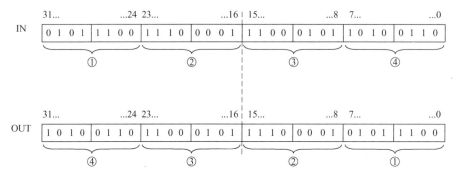

图 4-24　SWAP 指令交换数据类型为 DWORD 的操作示意

4.2.6　逻辑运算指令

逻辑运算是对无符号数进行的逻辑处理，主要包括逻辑与、逻辑或、逻辑异或和取反等运算指令。

1. 逻辑与运算指令

逻辑与运算指令（AND），使能输入有效时，将两个 IN1、IN2 的逻辑数按位求与，得到输出结果 OUT。

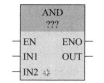

指令中所选数据类型将 IN1、IN2 和 OUT 设置为相同的数据类型。指令支持的数据类型为：Byte、Word、DWord。

程序实例：如图 4-25 所示，当 I0.0 输入有效时，将 MB0、MB1 中的字节按位求与，将逻辑结果存入 MB1 中。

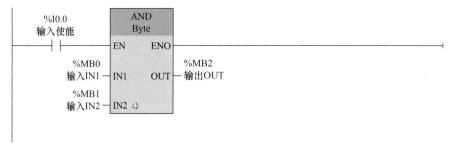

图 4-25　逻辑与运算指令执行程序

根据逻辑与运算指令规则。针对不同的 IN1、IN2 取值，可得出执行结果 OUT 见表 4-7。

表 4-7　逻辑与运算指令执行结果

MB0	16#00	16#01	16#02	16#03
MB1	16#55	16#55	16#55	16#55
MB2	16#00	16#01	16#00	16#01

2. 逻辑或运算指令

逻辑或运算指令（OR），使能输入有效时，将两个 IN1、IN2 的逻辑数按位求或，得到输出结果 OUT。

指令中所选数据类型将 IN1、IN2 和 OUT 设置为相同的数据类型。指令支持的数据类型为：Byte、Word、DWord。

3. 逻辑异或运算指令

逻辑异或运算指令（XOR），使能输入有效时，将两个 IN1、IN2 的逻辑数按位求异或，得到输出结果 OUT。

指令中所选数据类型将 IN1、IN2 和 OUT 设置为相同的数据类型。指令支持的数据类型为：Byte、Word、DWord。

4. 求反码指令

求反码指令（INV），使能输入有效时，计算参数 IN 的二进制反码。通过对参数 IN 各位的值取反来计算反码（将每个 0 变为 1，每个 1 变为 0），得到输出结果 OUT。

指令中所选数据类型将 IN 和 OUT 设置为相同的数据类型。指令支持的数据类型为：SInt、Int、DInt、USInt、UInt、UDInt、Byte、Word、DWord。

4.2.7 移位和循环移位指令

1. 移位指令

移位指令包含 SHR 右移指令和 SHL 左移指令。

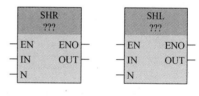

IN 中变量为待移位的数据，OUT 中变量保存移位结果。IN 和 OUT 的数据类型为：位字符串（Byte、Word、Dword）和整型（Sint、Int、Dint、USint、UInt、UDint）。IN 可以为常数。

N 用于指定移位位数，数据类型为：USInt、UInt、UDInt、常数。

SHL 指令将 IN 中的变量按位向左移动 N 指定的位数，并用 0 填充移位操作清空的位置，将结果保存在 OUT 指定的变量中。

SHR 指令将 IN 中的变量按位向右移动 N 指定的位数，将结果保存在 OUT 指定的变量中。如果 IN 中的变量为无符号数据类型，用 0 填充移位操作清空的位置；如果参数 IN 中的变量为有符号数据类型，则用符号位填充移位操作清空的位置。

使能输入 EN 为"1"时执行移位指令；移位指令执行后 ENO 保持为"1"。

SHR 指令示例见表4-8。

表 4-8　SHR 指令示例

IN	类　型	N	OUT
1110　0010　1010　1101	Word	2	0011　1000　1010　1011
1110　0010　1010　1101	UInt	2	0011　1000　1010　1011
1110　0010　1010　1101	Int	2	1111　1000　1010　1011
0110　0010　1010　1101	Int	2	0001　1000　1010　1011

2. 循环移位指令

循环移位指令包括循环右移（ROR）指令和循环左移（ROL）指令。

IN 中变量为待循环移位的数据，OUT 中变量保存循环移位结果。IN 和 OUT 的数据类型为：位字符串（Byte、Word、Dword）。IN 可以为常数。

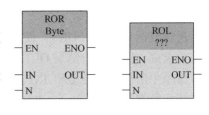

N 用于指定循环移位位数，数据类型为：USInt、UInt、UDInt、常数。

循环移位指令将 IN 中的数据按位向左或向右循环移位参数 N 指定的位数，并用移出的位填充移位操作空出的位置，并将结果保存到 OUT 指定的变量中。如果参数 N 的值为 0，则将输入 IN 的值复制到输出 OUT 的操作数中。如果参数 N 的值大于可用位数，则输入 IN 中的操作数值仍会循环移动指定位数。

输入 EN 为"1"时执行循环移位指令，执行循环移位指令后 ENO 保持为"1"。

ROR 和 ROL 指令示例见表 4-9。

表 4-9　ROR 和 ROL 指令示例

指　　令	ROR	ROL
IN	1110　0010　1010　1101 1110　0010　1010　1101	1110　0010　1010　1101 1110　0010　1010　1101
N	2 4	2 4
OUT	0111　1000　1010　1011 1101　1110　0010　1010	1000　1010　1011　0111 0010　1010　1101　1110
类型	Word Word	Word Word

习题与思考题

1. S7 – 1200 PLC 指令参数所用的基本数据类型有哪些？

2. 定时器有几种类型？分别实现什么功能？

3. 计数器有几种类型？各有何特点？

4. Q0.1∶P 和 Q0.1 有什么区别？

5. 画出执行下面一段程序对应的时序图。

6. 用自复位式定时器设计一个周期为 3s，脉冲为一个扫描周期的脉冲串信号。

7. 设计一个计数器范围为 30000 的计数器。

8. 用置位、复位指令设计一台电动机的起、停控制程序。

9. 用移位指令设计一个路灯照明系统的控制程序，三个路灯按 H1→H2→H3 的顺序依次点亮，各路灯之间点亮的间隔时间为 6h。

10. 用比较指令设计出满足以下要求的控制程序：在 MW2 等于 100 或 MW4 大于 1000 时将 M0.0 置位，反之将 M0.0 复位。

11. 要求在 I0.3 的上升沿，用 "与" 运算指令将 MW16 的最高 3 位清零，其余各位保持不变。编写相应控制程序。

12. 要求按下起动按钮 I0.0，Q0.5 控制的电机运行 30s，然后自动断电，同时 Q0.6 控制的制动电磁铁开始通电，10s 后自动断电。设计梯形图程序。

第 **5** 章

S7 –1200 PLC 及其扩展与工艺指令

西门子 S7 – 1200 PLC 的扩展指令用于更多选项的复杂指令，例如日期和时间、中断、报警等指令；工艺指令是指工艺函数，例如 PID 控制、运动控制等指令；通信指令则是用于通信的专用指令，这些指令实际上是厂商为满足各种客户的特殊需要而开发的通用子程序。功能指令的丰富程度及其使用的方便程度是衡量 PLC 性能的一个重要指标。

本章重点以梯形图语言形式，介绍扩展指令、工艺指令以及部分通信指令的编程方法与应用，并以备注说明的形式强调重要指令的工作原理、操作工程和重要参数设置等需要重点关注的环节。

本章主要内容：
- S7 – 1200 PLC 扩展指令
- S7 – 1200 PLC 工艺指令

本章重点是熟练掌握梯形图的编程方法，掌握扩展指令和全局库指令。通过对本章的学习，做到可以根据需要编制出结构较复杂的控制程序。

5.1　扩展指令

S7 – 1200 PLC 有多种扩展指令，包含日期、时间和时钟功能指令、字符串和字符指令、中断指令、脉冲指令、配方和数据日志指令、数据块控制指令和处理地址指令等。

5.1.1　日期、时间和时钟功能指令

1. 日期、时间指令

日期和时间指令用于设计日历和时间计算。包括用于转换时间值数据类型的 T_CONV 指令、用于将 Time 与 DTL 值相加的 T_ADD 指令、用于将 Time 与 DTL 值相减的 T_SUB 指令、用于将两个 DTL 值的差作为 Time 值的 T_DIFF 指令。各指令功能见表 5-1。

表 5-1　日期和时间指令

指令图标	指令功能	数据类型	说　　明
T_CONV ??? to ??? EN　　ENO IN　　OUT	T_CONV（时间转换）：将 IN 数据类型转换为 Out 数据类型	• IN：Time 或 DInt • OUT：DInt 或 Time	单击 "???" 并从下拉菜单中选择源/目标数据类型
T_ADD ??? to Time EN　　ENO IN1　　OUT IN2	T_ADD（时间相加）：将输入 IN1 的值（DTL 或 Time 数据类型）与输入 IN2 的 Time 值相加	• IN1：DTL、Time • IN2：Time • OUT：DTL、Time	允许以下两种数据类型的运算 • Time + Time = Time • DTL + Time = DTL

（续）

指 令 图 标	指 令 功 能	数 据 类 型	说　　明
T_SUB ??? to Time EN　　ENO IN1　　OUT IN2	T_SUB（时间相减）：将输入 IN1 的值（DTL 或 Time 数据类型）减去输入 IN2 的 Time 值	• IN1：DTL、Time • IN2：Time • OUT：DTL、Time	允许以下两种数据类型的运算： • Time – Time = Time • DTL – Time = DTL
T_DIFF DTL to Time EN　　ENO IN1　　OUT IN2	T_DIFF（时间差）：从 DTL 值（IN1）中减去 DTL 值（IN2） 参数 OUT 为 Time 数据类型	• IN1：DTL • IN2：DTL • OUT：Time	参数 OUT 以 Time 数据类型提供差值： • DTL – DTL = Time
T_COMBINE Time_of_Day TO DTL EN　　ENO IN1　　OUT IN2	T_COMBINE（组合时间）：将 Date 值和 Time_of_Day 值组合在一起生成 DTL 值	• IN1：Date • IN2：Time_of_Day • OUT：DTL	要组合的 Dat 值必须在 DATE#1990-01-01 和 DATE# 2089-12-31 之间

2. 时钟指令

时钟指令用于设置和读取 CPU 系统时钟，使用数据类型 DTL 提供日期和时间值，各指令功能见表 5-2。

表 5-2　时钟功能指令

指 令 图 标	指 令 功 能	数 据 类 型	说　　明
WR_SYS_T DTL EN　　ENO IN　RET_VAL	WR_SYS_T（写入系统时间）：使用参数 IN 中的 DTL 值设置 CPU 时钟。该时间值不包括本地时区或夏令时偏移量		• 通过使用用户在设备组态常规选项卡"时间"（Time of day）参数中设置的时区和夏令时偏移量计算本地时间
RD_SYS_T DTL EN　　ENO 　RET_VAL 　　OUT	RD_SYS_T（读取系统时间）：从 CPU 中读取当前系统时间。该时间值不包括本地时区或夏令时偏移量	• IN：DTL • OUT：DTL • RET_VAL：Int • LOCTIME：DTL • DST：Bool	• 时区组态是相对于 UTC 或 GMT 时间的偏移量 • 夏令时组态指定夏令时开始时的月份、星期、日期和小时 • 标准时间组态也会指定标准时间开始时的月份、星期、日期和小时
RD_LOC_T DTL EN　　ENO 　RET_VAL 　　OUT	RD_LOC_T（读取本地时间）：以 DTL 数据类型提供 CPU 的当前本地时间。该时间值反映了就夏令时进行过适当调整的本地时区		• 时区偏移量始终会应用到系统时间值。只有在夏令时有效时才会应用夏令时偏移量
WR_LOC_T DTL EN　　ENO LOCTIME RET_VAL DST	WR_LOC_T（写入本地时间）：将 DTL 数据类型在 LOCTIME 中把 CPU 日期和时间信息指定为本地时间		必须使用 CPU 设备组态设置"时钟"（Time of day）属性（时区、DST 激活、DST 启动和 DST 停止）

夏令时和标准起始时间组态中，CPU 设备组态的"夏令时开始"（Start for daylight saving time）的"时间"（Time of day）属性必须是本地时间。

默认情况下，S7－1200 CPU 的网络时间协议（Network Time Protocol，NTP）客户端功能处于禁用状态，启用该功能时，仅允许将已组态的 IP 地址用作 NTP 服务器。CPU 在默认情况下禁用此功能，必须组态此功能才能实现远程控制 CPU 系统时间修正。

3. 设置时区与运行时间指令

设置时区指令用于设置本地时区和夏令时参数，运行时间指令用于设置和启/停运行小时计时器来跟踪关键控制子系统的运行小时数，各指令功能见表5-3。

表 5-3　设置时区与运行时间指令

指令图标	指令功能	数据类型	说　明
"SET_TIMEZONE_DB" SET_TIMEZONE EN　　　ENO REQ　　　DONE TimeZone　BUSY ERROR STATUS	SET_TIMEZONE（设置时区）：设置本地时区和夏令时参数，以用于将 CPU 系统时间转换为本地时间	• REQ：Bool • TimeZone：TimeTransformationRule • DONE：Bool • BUSY：Bool • ERROR：Bool • STATUS：Word	要手动组态 CPU 的时区参数，请使用设备组态"常规"（General）选项卡中的"时间"（Time of day）属性
RTM EN　　　ENO NR　　RET_VAL MODE　　CQ PV　　　CV	RTM（运行时间计时器）：指令可以设置、启动、停止和读取 CPU 中的运行小时计时器	• NR：UInt • MODE：Byte • PV：DInt • RET_VAL：Int • CQ：Bool • CV：DInt	运行时间计时器值大于 2147483647 小时后，将停止计时并发出"上溢"错误。必须为每个定时器执行一次 RTM 指令，以复位或修改定时器

CPU 最多可运行 10 个运行小时计时器来跟踪关键控制子系统的运行小时数。必须对每个定时器执行一次 RTM 分别启动小时计时器。CPU 从运行模式切换为停止模式时，所有运行小时计时器都将停止。还可以使用 RTM 执行模式 2 停止各个的定时器。

RTM 执行模式编号（MODE）：

- 0 = 获取值（然后状态值写入 CQ，当前值写入 CV）
- 1 = 启动（从上一计数值开始）
- 2 = 停止
- 4 = 设置（设为 PV 中指定的值）
- 5 = 设置（设为 PV 中指定的值），然后启动
- 6 = 设置（设为 PV 中指定的值），然后停止
- 7 = 将 CPU 中的所有 RTM 值保存到 MC（存储卡）

CPU 从停止模式切换为运行模式时，必须对每个已启动的定时器执行一次 RTM 来重新启动小时计时器。

4. 应用举例

示例 1 利用指令 T_CONV，将 DTL 数据类型转换成 time of day 数据类型。

在 DB 块中定义变量，如图 5-1a 所示；在程序中插入指令 T_CONV，如图 5-1b 所示；仿真结果如图 5-1c 所示。

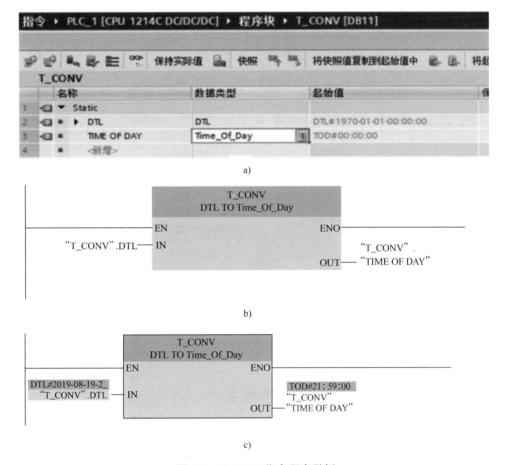

图 5-1 T_CONV 指令程序举例

示例 2 指令 T_ADD，为时间（IN1）变量和时间段（IN2）变量选择数据类型。

在 DB 块中定义变量，如图 5-2a 所示；在程序中插入指令 T_ADD，如图 5-2b 所示；仿真结果如图 5-2c 所示。

示例 3 用实时时钟指令控制路灯的定时开启和关闭，20：00 开启，6：00 关闭。

用 RD_LOC_T 读取实时时间，保存在数据类型为 DTL 的局部变量 DT5 中，其中的 HOUR 是小时值，其变量名为 DT5. HOUR，用 Q0.0 来控制路灯。如图 5-3 所示。

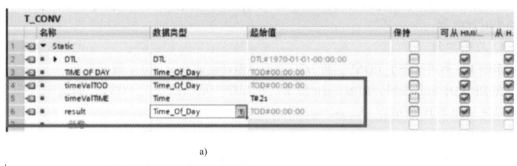

a)

```
                    T_ADD
               Time_Of_Day PLUS Time
           ┌─ EN                  ENO ─┐
           │                      OUT ─┤── "T_CONV".result
"T_CONV".  │
time ValTOD─┤ IN1
"T_CONV".  │
time ValTIME┤ IN2
```

b)

```
                    T_ADD
               Time_Of_Day PLUS Time
           ┌─ EN                  ENO ─┐
 TOD#21:59:00                     OUT ─┤── TOD#21:59:02
"T_CONV".  │                           "T_CONV".result
time ValTOD─┤ IN1
   T#25    │
"T_CONV".  │
time ValTIME┤ IN2
```

c)

图 5-2　T_ADD 指令程序举例

```
  RD_LOC_T
    DTL                 #DT5.HOUR              %Q0.0
┌─ EN        ENO ─┐      ┤ >= ├              ─( )─
│   RET_VAL ─ %MW196     │ USInt │
│   OUT ─ #DT5 │           20
│                │
│                │      #DT5.HOUR
│                │       ┤ <= ├
│                │       │ USInt │
│                         6
```

图 5-3　读取实时时间程序举例

5.1.2　字符串和字符指令

CPU 支持使用 String（字符串）数据类型存储一串单字节字符。String 数据被存储成 2 个字节的标头后跟最多 254 个 ASCII 码字符组成的字符字节。第一个标头字节是初始化字符串时方括号中给出的最大长度，默认值为 254。第二个标头字节是当前长度，即字符串中的有效字符数。当前长度必须小于或等于最大长度。String 格式占用的存储字节数比最大长度大 2 个字节。

在执行任何字符串指令之前，必须将 String 输入和输出数据初始化为存储器中的有效字符串。有效字符串的最大长度必须大于 0 但小于 255。字符串不能分配给 I 或 Q 存储区。

1. 移动字符串指令

移动字符串指令只有 1 条，用于字符串的复制操作，见表 5-4。

表 5-4　移动字符串指令

指 令 图 标	指 令 功 能	数 据 类 型	说　　明
S_MOVE EN　　ENO IN　　OUT	S _ MOVE（移动字符串）：将源 IN 字符串复制到 OUT 位置。S_MOVE 的执行并不影响源字符串的内容	IN：String OUT：String	如果输入 IN 中字符串的长度超过输出 OUT 存储的字符串最大长度，则仅复制能容纳的部分

2. 字符串转换指令

可以使用以下指令将数字字符串与数值之间、字符串与字符数组之间、ASCII 字符串与十六进制数之间进行相互转换，各指令功能见表 5-5。

表 5-5　字符串转换指令

指 令 图 标	指 令 功 能	数 据 类 型	说　　明
S_CONV ??? to ??? EN　　ENO IN　　OUT	S _ CONV（字符串转换）：将数字字符串转换成数值或将数值转换成数字字符串。S_CONV 指令没有输出格式选项。整数值、无符号整数值或浮点值 IN 在 OUT 中被转换为相应的字符串	• IN：String 或 String、SInt、Int、 DInt、 USInt、UInt、UDInt、Real • OUT：String、SInt、Int、DInt、USInt、UInt、UDInt、Real 或 String	如果输出数值不在 OUT 数据类型的范围内，则参数 OUT 设置为 0，并且 ENO 设置为 FALSE。否则，参数 OUT 将包含有效的结果，并且 ENO 设置为 TRUE
STRG_VAL String to ??? EN　　ENO IN　　OUT FORMAT P	STRG _ VAL（字符串到值）：使用格式选项，将数字字符串转换为相应的整型或浮点型表示法；FOR-MAT 为输出格式选项（初始化选项）；P 指向要转换的第一个字符的索引（第一个字符 =1）	• IN：String • FORMAT：Word • P：UInt • OUT：SInt、Int、DInt、USInt、 UInt、 UDInt、Real	转换从字符串 IN 中的字符偏移量 P 位置开始，并一直进行到字符串的结尾，或者一直进行到遇到第一个不是 "+" "-" "." "," "e" "E" 或 "0" 到 "9" 的字符为止

（续）

指 令 图 标	指 令 功 能	数 据 类 型	说　明
VAL_STRG ??? to String EN　　　ENO IN　　　OUT SIZE PREC FORMAT P	VAL_STRG（值到字符串）：使用格式选项，将整数值、无符号整数值或浮点值转换为相应的字符串表示法；SIZE 为要写入 OUT 字符串的字符数；PREC 为小数部分的精度或大小；P 指向要替换的第一个 OUT 字符串字符的索引（第一个字符 =1）	● IN：SInt、Int、DInt、USInt、UInt、UDInt、Real ● SIZE：USInt ● PREC：USInt ● FORMAT：Word ● P：UInt ● OUT：String	转换后的字符串将从字符偏移量计数位置 P 开始替换 OUT 字符串中的字符，一直到参数 SIZE 指定的字符数。SIZE 中的字符数必须在 OUT 字符串长度范围内（从字符位置 P 开始计数）
STRG_TO_Chars EN　　　ENO STRG　　Cnt pChars Chars	STRG_TO_Chars（字符串到数组）：将整个输入字符串 Strg 复制到 IN_OUT 参数 Chars 的字符数组中。该操作会从 pChars 参数指定的数组元素编号开始覆盖字节	● STRG：String、WString ● pChars：DInt ● Chars：Variant ● Cnt：UInt	只允许将零基数组类型（Array［0..n］of Char）或（Array［0..n］of Byte）作为指 STRG_TO_Chars 的 IN_OUT 参数 Chars 或作为指令 Chars_TO_STRG 的输入参数 Chars。pChars 为数组中要复制的第一个字符的元素编号（默认值为数组元素［0］）
Chars_TO_STRG EN　　　ENO Chars　STRG pChars Cnt	Chars_TO_STRG（数组到字符串）：将字符数组的全部或一部分复制到字符串。执行 Chars_TO_STRG 之前必须声明输出字符串。之后 Chars_TO_STRG 操作会覆盖该字符串		
ATH Int EN　　　ENO IN　RET_VAL N　　　OUT	ATH（ASCII 到十六进制）：将 ASCII 字符转换为压缩的十六进制数字。转换从参数 IN 指定的位置开始，并持续 N 个字节。结果放置在 OUT 指定的位置	● IN：Variant ● N：UInt ● RET_VAL：Word ● OUT：Variant	8 位 ASCII 编码的字符将被转换为 4 位十六进制半字节。可将两个 ASCII 字符转换为一个包含两个 4 位十六进制半字节的字节
HTA EN　　　ENO IN　RET_VAL N　　　OUT	HTA（十六进制到 ASCII）：将压缩的十六进制数字转换为相应的 ASCII 字符字节。转换从参数 IN 指定的位置开始，并持续 N 个字节。每个 4 位半字节都会转换为单个 8 位 ASCII 字符，并会生成 2N 个 ASCII 字符输出字节		十六进制字节的每个半字节将按其读入的顺序转换为一个字符（首先转换十六进制数字最左侧的半字节，然后转换该字节最右侧的半字节）

3. 字符串操作指令

控制程序可以使用以下字符串和字符指令为操作员显示和过程日志创建消息，字符串操作指令见表 5-6。

表 5-6   字符串操作指令

指 令 图 标	指 令 功 能	数 据 类 型	备 注
MAX_LEN String EN ENO IN OUT	MAX_LEN（字符串最大长度）：提供了在输出 OUT 中分配给字符串 IN 的最大长度值。对于 String，当前长度以字节为单位，对于 WString，当前长度以字为单位	• IN：String、WString • OUT：DInt	String 和 WString 数据类型包含两个长度，第一个字节（或字）指定最大长度，第二个字节（或字）指定当前长度（当前有效字符的数量）
LEN String EN ENO IN OUT	LEN（字符串当前长度）：在输出 OUT 端给出字符串 IN 的当前长度。空字符串的长度为零	• IN：String、WString • OUT：Int、DInt、Real、LReal	使用 MAX_LEN 指令获取字符串的最大长度，使用 LEN 指令获取字符串的当前长度
CONCAT String EN ENO IN1 OUT IN2	CONCAT（连接字符串）：将字符串参数 IN1 和 IN2 连接成一个字符串，并在 OUT 输出。连接后新字符串 IN1 在左、IN2 在右	• IN1：String、WString • IN2：String、WString • OUT：String、WString	输出的组合字符串 =（字符串 1 + 字符串 2）
LEFT String EN ENO IN OUT L	LEFT（左侧子串）：提供由字符串参数 IN 的前 L 个字符所组成的子串		如果 L 大于 IN 字符串的当前长度，则在 OUT 中返回整个 IN 字符串。如果输入是空字符串，则在 OUT 中返回空字符串
MID String EN ENO IN OUT L P	MID（中间子串）：提供字符串的中间部分。中间子串为从字符位置 P（包括该位置）开始的 L 个字符的长度	• IN：String、WString • L：Int • P：Int • OUT：String、WString	如果 L 和 P 的和超出字符串参数 IN 的当前长度，则返回从字符位置 P 开始并一直到 IN 字符串结尾的子串
RIGHT String EN ENO IN OUT L	RIGHT（右侧子串）：提供字符串的最后 L 个字符		如果 L 大于 IN 字符串的当前长度，则在参数 OUT 中返回整个 IN 字符串。如果输入是空字符串，则在 OUT 中返回空字符串
DELETE String EN ENO IN OUT L P	DELETE（删除子串）：从字符串 IN 中删除 L 个字符。从字符位置 P（包括该位置）处开始删除字符，剩余字符在参数 OUT 中输出	• IN：String、WString • L：Int • P：Int • OUT：String、WString	如果 L 等于零，则在 OUT 中返回输入字符串。如果 L 与 P 的和大于输入字符串的长度，则一直删除到该字符串的末尾

（续）

指 令 图 标	指 令 功 能	数 据 类 型	备 注
INSERT String EN ENO IN1 OUT IN2 P	INSERT（插入子串）：将字符串 IN2 插入字符串 IN1。在位置 P 的字符后开始插入	• IN1：String、WString • IN2：String、WString • P：Int • OUT：String、WString	若插入后的结果字符串比 OUT 字符串的最大长度长，OUT 只保留最大长度为止
REPLACE String EN ENO IN1 OUT IN2 L P	REPLACE（替换子串）：替换字符串参数 IN1 中的 L 个字符。使用字符串参数 IN2 中的替换字符，从字符串 IN1 的字符位置 P（包括该位置）开始替换	• IN1：String、WString • IN2：String、WString • L：Int • P：Int • OUT：String、WString	如果参数 L 等于零，则在字符串 IN1 的位置 P 插入字符串 IN2 而不从字符串 IN1 删除任何字符。如果 P 等于 1，则使用字符串 IN2 字符替换字符串 IN1 的前 L 个字符
FIND String EN ENO IN1 OUT IN2	FIND（查找子串）：提供由 IN2 指定的子串在字符串 IN1 中的字符位置。从左侧开始搜索	• IN1：String、WString • IN2：String、WString • OUT：Int	在 OUT 中返回 IN2 字符串第一次出现的字符位置。如果在字符串 IN1 中没有找到字符串 IN2，则返回零

5.1.3　中断指令

中断指令包括附加（连接）与分离指令、循环中断指令、时钟中断、延时中断指令和异步事件中断指令。

1. 附加与分离指令

附加（连接）与分离指令作用是将中断事件与中断服务子程序进行关联或分离，应用于中断响应过程。附加（连接）与分离指令见表 5-7。

表 5-7　附加与分离指令

指 令 图 标	指 令 功 能	数 据 类 型	备 注
ATTACH EN ENO OB_NR RET_VAL EVENT ADD	ATTACH（附加）：启用响应硬件中断事件的中断 OB 子程序执行	• OB_NR：OB_ATT • EVENT：EVENT_ATT • ADD：Bool • RET_VAL：Int	• ADD = 0（默认值）：该事件将取代先前为此 OB 附加的所有事件 • ADD = 1：该事件将添加到先前为此 OB 附加的事件中
DETACH EN ENO OB_NR RET_VAL EVENT	DETACH（分离）：禁用响应硬件中断事件的中断 OB 子程序执行		使用 DETACH 指令将特定事件或所有事件与特定 OB 分离

CPU 支持以下硬件中断事件：

- 上升沿事件。前 12 个内置 CPU 数字量输入以及所有 SB 数字量输入。
- 下降沿事件。前 12 个内置 CPU 数字量输入以及所有 SB 数字量输入。
- 高速计数器（HSC）。当前值 = 参考值（CV = RV）事件（HSC 1 ~ 6）
- HSC 方向变化事件（HSC 1 ~ 6）。
- HSC 外部复位事件（HSC 1 ~ 6）。

如果要在组态或运行期间附加此事件，则必须在设备组态中为数字输入通道或 HSC 选中启用事件框。PLC 设备组态中的复选框选项包括：

- 数字量输入。启用上升沿检测，或启用下降沿检测。
- 高速计数器（HSC）。启用此高速计数器，生成计数器值等于参考计数值的中断，或生成外部复位事件的中断，或生成方向变化事件的中断。

2. 循环中断

循环中断指令见表 5-8。

表 5-8　循环中断指令

指 令 图 标	指 令 功 能	数 据 类 型	备　　注
SET_CINT EN　　ENO OB_NR　RET_VAL CYCLE PHASE	SET_CINT（设置循环中断）：设置特定的中断 OB 以开始循环中断程序扫描过程	• OB_NR：OB_CYCLIC • CYCLE：UDInt • PHASE：UDInt • RET_VAL：Int	如果 CYCLE 时间 = 100μs，则由 OB_NR 引用的中断 OB 将每隔 100μs 中断一次循环程序扫描。如果 CYCLE 时间 = 0，则中断事件被禁用
QRY_CINT EN　　ENO OB_NR　RET_VAL 　　　CYCLE 　　　PHASE 　　　STATUS	QRY_CINT（查询循环中断）：获取循环中断 OB 的参数和执行状态。返回的值早在执行 QRY_CINT 时便已存在	• OB_NR：OB_CYCLIC • RET_VAL：Int • CYCLE：UDInt • PHASE：UDInt • STATUS：Word	如果发生错误，RET_VAL 显示相应的错误代码，并且参数 STATUS = 0

3. 时钟中断

CPU 在默认情况下禁用此功能，必须组态此功能才能实现远程控制 CPU 系统时间修正。时钟中断指令见表 5-9。

表 5-9　时钟中断指令

指令图标	指令功能	数据类型	备注
SET_TINTL EN　ENO OB_NR　RET_VAL SDT LOCAL PERIOD ACTIVATE	SET_TINTL（设置循环中断）：设置日期和时钟中断。程序中断 OB 可以设置为执行一次，或者在分配的时间段内多次执行	• OB_NR：OB_TOD（INT） • SDT：DTL • LOCAL：Bool • PERIOD：Word • ACTIVATE：Bool • RET_VAL：Int • STATUS：Word	类似于时钟指令，默认情况下，S7-1200 CPU 的网络时间协议（Network Time Protocol，NTP）客户端功能处于禁用状态，启用该功能时，仅允许将已组态的 IP 地址用作 NTP 服务器。CPU 在默认情况下禁用此功能，必须组态此功能才能实现远程控制 CPU 系统时间修正
CAN_TINT EN　ENO OB_NR　RET_VAL	CAN_TINT（取消日期和时钟中断）：为指定的中断 OB 取消起始日期和时钟中断事件		
ACT_TINT EN　ENO OB_NR　RET_VAL	ACT_TINT（激活日期和时钟中断）：为指定的中断 OB 激活起始日期和时钟中断事件		
QRY_TINT EN　ENO OB_NR　RET_VAL STATUS	QRY_TINT（查询日期和时钟中断）：为指定的中断 OB 查询日期和时钟中断状态		

4. 延时中断

可使用 SRT_DINT 和 CAN_DINT 指令启动和取消延时中断处理过程，或使用 QRY_DINT 指令查询中断状态。每个延时中断都是一个在指定的延迟时间过后发生的一次性事件。如果在延迟时间到期前取消延时事件，则不会发生程序中断。延时中断指令见表 5-10。

表 5-10　延时中断指令

指令图标	指令功能	数据类型	备注
SRT_DINT EN　ENO OB_NR　RET_VAL DTIME SIGN	SRT_DINT（启动延时中断）：在参数 DTIME 指定的延迟过后执行 OB	• OB_NR：OB_DELAY • DTIME：Time • SIGN：Word • RET_VAL：Int • STATUS：Word	当 EN = 1 时，SRT_DINT 指令启动内部时间延时定时器（DTIME）。延时过去后，CPU 将生成一个程序中断，用于触发相关延时中断 OB 的执行。通过执行 CAN_DINT 指令，可在发生指定的延时之前取消进行中的延时中断。激活延时中断事件的总次数不得超过四次
CAN_DINT EN　ENO OB_NR　RET_VAL	CAN_DINT（取消已启动的延时中断）：在这种情况下，将不执行延时中断 OB		
QRY_DINT EN　ENO OB_NR　RET_VAL STATUS	QRY_DINT（查询）：查询通过 OB_NR 参数指定的延时中断的状态		

5. 异步事件中断

使用 DIS_AIRT 和 EN_AIRT 指令可禁用和启用报警中断处理过程。异步事件中断指令见表 5-11。

表 5-11　异步事件中断指令

指令图标	指令功能	数据类型	备　注
EN_AIRT EN　ENO RET_VAL	EN_AIRT（启动异步事件中断）：对先前使用 DIS_AIRT 指令禁用的中断事件处理，可使用 EN_AIRT 来启用。每一次 DIS_AIRT 执行都必须通过一次 EN_AIRT 执行来取消。必须在同一个 OB 中或从同一个 OB 调用的任意 FC 或 FB 中完成 EN_AIRT 执行后，才能再次启用此 OB 的中断	• RET_VAL：Int	操作系统会统计 DIS_AIRT 执行的次数。在通过 EN_AIRT 指令再次取消之前或者在已完成处理当前 OB 之前，这些执行中的每一个都保持有效。例如：如果通过五次 DIS_AIRT 执行禁用中断五次，则在再次启用中断前，必须通过五次 EN_AIRT 执行来取消禁用
DIS_AIRT EN　ENO RET_VAL	DIS_AIRT（取消已启动的异步事件中断）：可延迟新中断事件的处理。可在 OB 中多次执行 DIS_AIRT		

6. 应用举例

示例　运用循环中断，使 Q0.0 端口实现 500ms 输出为 1、500ms 输出为 0 的循环输出，即实现周期为 1s、占空比 50% 的方波输出。

循环中断过程说明：

循环中断 OB 在经过一段固定的时间间隔后执行相应的中断 OB 中的程序。

S7－1200 PLC 最多支持 4 个循环中断 OB，在创建循环中断 OB 时设定固定的间隔扫描时间。在 CPU 运行期间，可以使用“SET_CINT”指令重新设置循环中断的间隔扫描时间、相移时间；同时还可以使用“QRY_CINT”指令查询循环中断的状态。循环中断 OB 的编号必须为 30～38，或大于等于 123。

PLC 启动后开始计时；当到达固定的时间间隔后，操作系统将启动相应的循环中断 OB30。循环中断 OB30 优先于循环 OB1 执行，循环中断的执行过程如图 5-4 所示。

图 5-4　循环中断 OB 执行图例

具体实施过程如下：

1）按如下步骤创建循环中断 OB30，如图 5-5 所示。

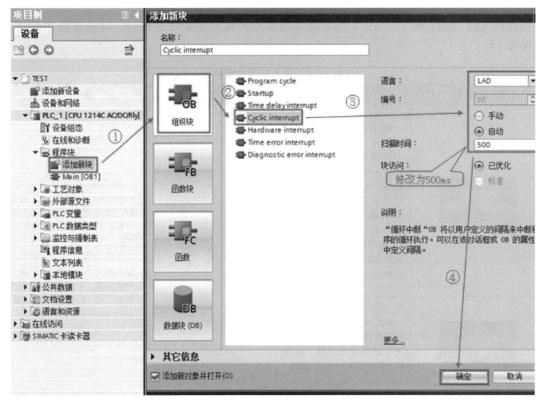

图 5-5　创建循环中断 OB30

2）OB30 中的编程如图 5-6 所示，当循环中断执行时，Q0.0 以方波形式输出。

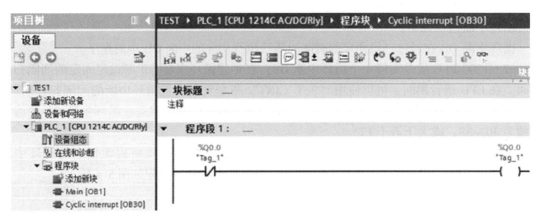

图 5-6　OB30 中的编程

3）在 OB1 中编程调用 "SET_CINT" 指令，可以重新设置循环中断时间，例如：CYCLE = 1s（即周期为 2s）；调用 "QRY_CINT" 指令可以查询中断状态。在 "指令 –> 扩展指令 –> 中断 –> 循环中断" 中可以找相关指令，如图 5-7 所示。在 OB1 中的编程如图 5-8 所示。

"SET_CINT" 指令参数说明如下：

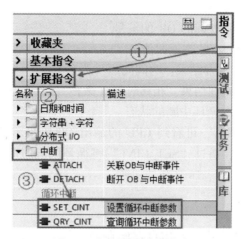

图 5-7　调用循环中断指令

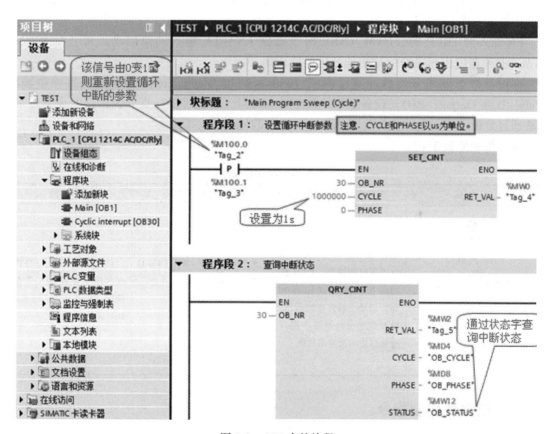

图 5-8　OB1 中的编程

EN：＝％M100.0　//当 EN 端出现上升沿时，设置新参数

OB_NR：＝30　//需要设置的 OB 的编号

CYCLE：＝1000000　//时间间隔（微秒）

PHASE：＝0　//相移时间（微秒）

RET_ VAL：＝％MW0　//状态返回值

"QRY_CINT"指令参数说明如下：

OB_ NR：=30　　//需要查询的 OB 的编号

RET_ VAL：=%MW2　//状态返回值

CYCLE：=%MD4　//查询结果：时间间隔（微秒）

PHASE：=%MD8　//查询结果：相移时间（微秒）

STATUS：=%MW12　//循环中断的状态

4）测试结果：程序下载后，可看到 CPU 的输出 Q0.0 指示灯 0.5s 亮、0.5s 灭交替切换；当 M100.0 由 0 变 1 时，通过"SET_CINT"将循环间隔时间设置为 1s，这时，可看到 CPU 的输出 Q0.0 指示灯 1s 亮、1s 灭交替切换。

5.1.4　脉冲指令

CTRL_PWM（脉冲）指令将参数信息存储在 DB 中。数据块参数不是由用户单独更改的，而是由 CTRL_PWM 指令进行控制。通过将其变量名称用于 PWM 参数，指定要使用的已启用脉冲发生器。

EN 输入为 TRUE 时，PWM_CTRL 指令根据 ENABLE 输入的值启动或停止所标识的 PWM。脉冲宽度由相关 Q 字输出地址中的值指定。

在设备组态期间分配脉冲宽度调制（Pulse- Width Modulation，PWM）和脉冲串输出（Pulse-Train Output，PTO）设备使用的数字量 I/O 点。将数字 I/O 点分配给这些设备之后，无法通过监视表格强制功能修改所分配的 I/O 点的地址值。

脉冲指令见表 5-12。

表 5-12　脉冲指令

指令图标	指令功能	数据类型	备注
CTRL_PWM_DB CTRL_PWM EN　　ENO PWM　　BUSY ENABLE　STATUS	CTRL_PWM（脉宽调制）：提供占空比可变的固定循环时间输出。PWM 输出以指定频率（循环时间）启动之后将连续运行。脉冲宽度会根据需要进行变化以影响所需的控制	• PWM：HW_PWM（Word） • ENABLE：Bool • BUSY：Bool • STATUS：Word	插入该指令后，STEP7 显示用于创建相关数据块的"调用选项"（Call Options）对话框

5.1.5　数据块控制指令

数据块控制指令包括 READ_DBL（读取装载存储器中的数据块）和 WRIT_DBL（写入装载存储器中的数据块）两条指令。

通常，DB 存储在装载存储器（闪存）和工作存储器（RAM）中。起始值（初始值）始终存储在装载存储器中，当前值始终存储在工作存储器中。READ_DBL 可用于将一组起始值从装载存储器复制到工作存储器中程序引用的 DB 的当前值。可使用 WRIT_DBL 将存储在内部装载存储器或存储卡中的起始值更新为工作存储器中的当前值。数据块控制指令见表 5-13。

表 5-13　数据块控制指令

指令图标	指令功能	数据类型	备注
READ_DBL Variant EN　　　ENO REQ　　RET_VAL SRCBLK　BUSY 　　　　DSTBLK	READ_DBL（读取）：将 DB 的全部或部分起始值从装载存储器复制到工作存储器的目标 DB 中。在复制期间，装载存储器的内容不变	• SRCBLK：Variant • RET_VAL：INT • BUSY：Bool • DSTBLK：VARIANT	在 STEP 7 程序中，调用 READ_DBL/WRIT_DBL 指令前，必须为这些指令创建数据块。如果源数据块被创建成"标准"类型，则目标数据块也必须为"标准"类型。如果源数据块被创建成"优化"类型，则目标数据块也必须为"优化"类型
WRIT_DBL Variant EN　　　ENO REQ　　RET_VAL SRCBLK　BUSY 　　　　DSTBLK	WRIT_DBL（写入）：将 DB 全部当前值或部分值从工作存储器复制到装载存储器的目标 DB 中。在复制期间，工作存储器的内容不变		

5.1.6　配方和数据日志指令

控制系统的一些重要参数需要保存，如驱动器的位置、限制值等。为方便获取，通常将这些参数设置为可保持变量，使用配方的 CSV 文件即可以实现该功能。

配方通常有两种使用场景，一种是生产不同的产品，使用不同的工艺参数；另一种是在生产一种产品过程中有很多步骤，每个步骤都有不同的参数。通常这些数据存放在 CPU 工作存储器的 DB 块或 M 区，但是很多时候这些数据的数据量特别大，数值却是固定不变的，或者只是偶尔在需要的时候小做改动。

而对于 S7 - 1200 PLC 来说，工作存储器最大也只有 150KB（S7 - 1217C），所以可以考虑将这些数据放入更大的装载存储器。内置装载存储器有 1MB（S7 - 1211C、S7 - 1212C）、2MB（S7 - 1214C V3.0 以下）和 4MB（S7 - 1214C V3.0 以上、S7 - 1215C、S7 - 1217C）三种，如果通过存储卡扩展，理论上可以最多到 32GB。

SIMATIC S7 - 1200 CPU 使用配方数据功能，需要在以下四个方面加以注意。

1. 配方数据存储

1）程序中创建一个配方数据块，此 DB 块必须存储在 CPU 装载存储器中，可以使用 CPU 内部装载存储器或程序卡。

2）程序中创建一个活动配方数据块，此 DB 块必须在 CPU 工作存储器中，使用程序逻辑读取或写入一个活动配方记录。

2. 配方数据管理

配方数据块使用一个产品配方记录数组。配方数组的每个元素代表一种不同的配方形式，各个配方以一组共同的成分为基础。

1）创建 PLC 数据类型或结构，以定义一个配方记录中的所有成分。此数据类型模板重复使用于所有配方记录。根据分配给配方成分的起始值而产生不同的产品配方。

2）使用 READ_DBL 指令，可以随时将配方从配方数据块（装载存储器中的所有配方）传送到活动配方数据块（工作存储器中的一个配方）。配方记录移动到工作存储器后，程序逻辑便可读取成分值并开始生产运行。此过程将配方数据需要的 CPU 工作存储器使用量降到最低。

3）如果在生产运行期间使用 HMI 设备调整活动配方成分值，可以使用 WRIT_DBL 指令将修改的值写入配方数据块。

3. 配方导出（从配方数据块到 CSV 文件）

可以使用 RecipeExport 指令将完整的配方记录集生成为一个 CSV 文件。未使用的配方记录也被导出。

4. 配方导入（从 CSV 文件到配方数据块）

完成配方导出操作后，即可将生成的 CSV 文件用作数据结构模板。

1）使用 CPU Web 服务器中的文件浏览器页面将现有配方 CSV 文件从 CPU 下载到 PC。

2）使用 ASCII 文本编辑器修改配方 CSV，可以修改分配给成分的起始值，但不能修改数据类型或数据结构。

3）将修改的 CSV 文件从 PC 再次上传到 CPU。但是，在 CPU Web 服务器允许上传操作之前，必须删除或重命名 CPU 装载存储器中的旧 CSV 文件（具有相同名称）。

4）将修改的 CSV 文件上传到 CPU 后，便可以使用 RecipeImport 指令将新的起始值从修改的 CSV 文件（在 CPU 装载存储器中）传送到配方数据块（在 CPU 装载存储器中）。

使用配方数据功能的具体示例可参考相关系统手册。

5.1.7　处理地址指令

1. GEO2LOG（根据插槽确定硬件标识符）指令

使用 GEO2LOG 指令根据插槽信息确定硬件标识符，见表 5-14。

表 5-14　GEO2LOG 指令

指 令 图 标	指 令 功 能	数 据 类 型	备 注
GEO2LOG EN　　　ENO GEOADDR　RET_VAL 　　　　LADDR	GEO2LOG（根据插槽确定硬件标识符）：指令根据插槽信息确定硬件标识符	• GEOADDR：Variant • RET_VAL：Int • LADDR：HW_ANY	GEO2LOG 指令根据使用 GEOADDR 系统数据类型定义的插槽信息来确定硬件标识符

指令根据在 HWTYPE 参数处定义的硬件的类型（取值 1 ~ 5），可通过 GEOADDR 参数评估相关信息。

2. LOG2GEO（根据硬件标识符确定插槽）指令

使用 LOG2GEO 指令从逻辑地址中确定属于硬件标识符的地理地址（模块插槽），见表 5-15。

表 5-15　LOG2GEO 指令

指令图标	指令功能	数据类型	备注
LOG2GEO EN　　ENO LADDR　RET_VAL GEOADDR	LOG2GEO（根据硬件标识符确定插槽）：指令确定属于硬件标识符的模块插槽	• LADDR：HW_ANY • RET_VAL：Int • GEOADDR：Variant	LOG2GEO 指令根据硬件标识符来确定逻辑地址的地理地址

指令使用 LADDR 参数根据硬件标识符选择逻辑地址，GEOADDR 中包含 LADDR 输入所给定的逻辑地址的地理地址。

3. IO2MOD（根据 I/O 地址确定硬件标识符）指令

使用 IO2MOD 指令根据（子）模块的 I/O 地址确定该模块的硬件标识符，见表 5-16。

表 5-16　IO2MOD 指令

指令图标	指令功能	数据类型	备注
IO2MOD EN　　ENO ADDR　RET_VAL 　　　LADDR	IO2MOD（根据 I/O 地址确定硬件标识符）：指令确定属于硬件标识符的模块插槽	• ADDR：Variant • RET_VAL：Int • LADDR：HW_IO	IO2MOD 指令根据（子）模块的 I/O 地址（I、Q、PI、PQ）确定该模块的硬件标识符

在 ADDR 参数中输入 I/O 地址。如果在此参数中使用了一系列 I/O 地址，仅通过评估第一个地址来确定硬件标识符。如果正确指定了第一个地址，则在 ADDR 处指定的地址长度没有任何意义。如果使用了包含多个模块或未使用地址的地址区域，则还可以确定第一个模块的硬件标识符。

4. RD_ADDR（根据硬件标识符确定 I/O 地址）指令

使用 RD_ADDR 指令获取子模块的 I/O 地址，见表 5-17。

表 5-17　RD_ADDR 指令

指令图标	指令功能	数据类型	备注
RD_ADDR EN　　ENO LADDR　RET_VAL 　　　PIADDR 　　　PICOUNT 　　　PQADDR 　　　PQCOUNT	RD_ADDR（根据硬件标识符确定 I/O 地址）：指令获取子模块的 I/O 地址	• LADDR：HW_IO • RET_VAL：Int • PIADDR：UDInt • PICOUNT：UInt • PQADDR：UDInt • PQCOUNT：UInt	RD_ADDR 指令获取子模块的 I/O 地址

RD_ADDR 指令根据子模块的硬件标识符确定输入或输出的长度和起始地址。

5. GEOADDR 系统数据类型

GEOADDR 系统数据类型包含模块地理地址（或插槽信息）。

1）PROFINET IO 的地理地址：对于 PROFINET IO，地理地址由 PROFINET IO 系统 ID、设备号、插槽号和子模块（如果使用子模块）组成。

2）PROFIBUS DP 的地理地址：对于 PROFIBUS DP，地理地址由 DP 主站系统的 ID、站号和插槽号组成。可在每个模块的硬件配置中找到模块的插槽信息。

5.1.8　扩展指令的常见错误代码

扩展指令说明中介绍了各程序指令可能发生的运行错误。除了这些错误，还可能发生下列常见错误，见表 5-18。如果执行代码块时发生某个常见错误，则 CPU 将进入 STOP 模式，除非在该代码块中使用 GetError 或 GetErrorID 指令编写程序来响应错误。

表 5-18　扩展指令的常见错误代码

条件代码值（W#16#....）	说　　明	条件代码值（W#16#....）	说　　明
8x22	存储区对于输入太小	8x28	输入位赋值非法
8x23	存储区对于输出太小	8x29	输出位赋值非法
8x24	输入区非法	8x30	输出区是只读 DB
8x25	输出区非法	8x3A	DB 不存在

注：如果执行代码块时出现其中一个错误，则 CPU 保持在 RUN（默认）模式或组态为 STOP 模式。也可以在该代码块中使用 GetError 或 GetErrorID 指令在本地处理错误（CPU 保持在 RUN 状态），并编写程序来响应错误。"x" 表示错误的参数编号。参数编号从 1 开始。

5.2　工艺指令

工艺指令是数控机床控制软件里的名词，类似于操作指令，只不过在控制软件编程中，由程序来完成工艺程序，某些控制加工部件运行的程序就是工艺指令。S7－1200 PLC 有多种工艺指令，主要包含高速计数器指令、PID 控制指令、运动控制指令等。

5.2.1　高速计数器指令

1. CTRL_HSC（控制高速计数器）指令

CTRL_HSC 指令用于高速计数器的参数配置。指令添加一个新的 DB，命名为 DB HSC retain，并且创建一个 DINT 数据元素，命名为 HSC_?（如 HSC_1）用于保存高速计数器的值。

只要在硬件配置里使能并组态了高速计数器，不编写 CTRL_HSC，高速计数器就可以正常计数。CTRL_HSC 只是完成参数写入的功能，见表 5-19。

表 5-19　CTRL_HSC 指令

指　令　图　标	指　令　功　能	数　据　类　型	备　　注
"Counter name" CTRL_HSC EN　　　　ENO HSC　　　BUSY DIR　　STATUS CV RV PERIOD NEW_DIR NEW_CV NEW_RV NEW_PERIOD	CTRL＿HSC（控制高速计数器）：指令用于高速计数器的参数配置	• HSC：HW_HSC • DIR：Bool • CV：Bool • RV：Bool • PERIOD：Bool • NEW_DIR：Int • NEW_CV：DInt • NEW_RV：DInt	插入该指令后，STEP 7 显示用于创建相关数据块的"调用选项"（Call Options）对话框

在 CTRL_HSC 参数中没有提供当前计数值。在高速计数器硬件的组态期间分配存储当前计数值的过程映像地址。

可以使用程序逻辑直接读取计数值。返回给程序的值将是读取计数器瞬间的正确计数。但计数器仍将继续对高速事件计数。因此，程序使用旧的计数值完成处理前，实际计数值可能会更改。

2. CTRL_HSC_EXT（控制高速计数器（扩展））指令

利用 CTRL_HSC_EXT 指令，程序可以按指定时间周期访问指定高速计数器的输入脉冲数量。该指令使得程序可以纳米级精度确定输入脉冲之间的时间长度，见表 5-20。

表 5-20 CTRL_HSC_EXT 指令

指 令 图 标	指 令 功 能	数 据 类 型	备 注
CTRL_HSC_ EXT_DB CTRL_HSC_EXT —EN ENO— —HSC DONE— —CTRL BUSY— ERROR— STATUS—	CTRL_HSC_EXT［控制高速计数器（扩展）]：指令按指定时间周期访问指定高速计数器的输入脉冲数量	• HSC：HW_HSC • CTRL：HSC_Period • DONE：Bool • BUSY：Bool • ERROR：Bool • STATUS：Word	指令都使用系统定义的数据结构（存储在用户自定义的全局背景数据块中）存储计数器数据。HSC_Period 数据类型被指定用作 CTRL_HSC_EXT 的输入参数

要使用 CTRL_HSC_EXT 指令，请按下列步骤操作：

1）为 Period 模式组态相关的高速计数器选择所需要的运行阶段。如果选择内部方向控制，则可以释放用于其他用途的方向输入。

2）将 CTRL_HSC_EXT 拖放至梯形图程序中，该操作会同时创建一个背景数据块 CTRL_HSC_EXT_DB。

3）创建一个 User Global_DB＝Ex："MYDB"（CTRL_HSC_EXT 的输入参数）。该数据块含有该 SFB 所需要的信息。

4）在 MYDB 中，找到一个空行，并添加变量 Name＝Ex："MyPeriod"。

5）输入"HSC_Period" <回车键> 以添加数据类型（下拉控件目前没有该选项）。必须由用户正确地输入该名称。

6）检查"MyPeriod" 变量现在是否是一个可以扩展的通信数据结构。

7）在梯形图指令 CTRL_HSC_EXT："CTRL"控点上附加背景数据块变量"MYDB". MyPeriod。

3. 应用举例

设在旋转机械上有单相增量编码器作为反馈，接入到 S7－1200 PLC 的 CPU，要求在计数 25 个脉冲时，计数器复位，置位 M10.5，并设定新预置值为 50 个脉冲，当计满 50 个脉冲后复位 M10.5，并将预置值再设为 25，周而复始执行此功能。

针对此应用，选择 CPU 1214C，高速计数器为：HSC1。模式为：单相计数，内部方向控制，无外部复位。据此，脉冲输入应接入 I0.0，使用 HSC1 的预置值中断（CV＝RV）功能实现此应用。

先在设备与组态中选择 CPU，单击属性，激活高速计数器，并设置相关参数。此步骤必须事先执行，1200 PLC 的高速计数器功能必须要先在硬件组态中激活，才能进行下面的步骤。添加硬件中断块，关联相对应的高速计数器所产生的预置值中断，在中断块中添加高速计数器指令块，编写修改预置值程序，设置复位计数器等参数。将程序下载，执行功能。

具体实施过程如下：

1）添加硬件中断，在组织块中添加硬件中断，如图 5-9 所示。

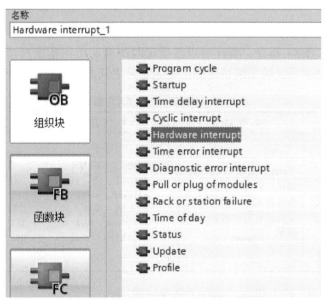

图 5-9　添加硬件中断

2）硬件组态。如图 5-10 所示，选中 CPU，可右键打开属性（也可以在"编辑"中选择属性打开）；常规项中点击启用高速计数器 HSC1，如图 5-11 所示；功能项中选择"计数类型：计数"、"工作模式：单相"、"计数方向取决于：用户程序（内部方向控制）"、"初始计数方向：增计数"，如图 5-12 所示；复位为初始值项中选择"初始计数器值：0"、"初始参考值：25"，如图 5-13 所示；事件组态项中激活"为计数器值等于参考值这一事件生成中断"，选择"事件名称：预置值中断"、"硬件中断：Hardware interrupt"、"优先级：18"，如图 5-14 所示；硬件输入项中选择"时钟发生器输入:% I0.0"，如图 5-15 所示；地址输入项中选择"起始地址：1000"、"结束地址 1003"，如图 5-16 所示。

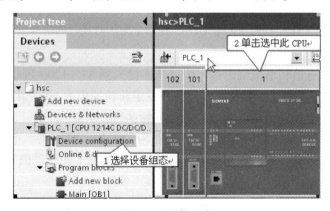

图 5-10　硬件组态

图 5-11　启用高速计数器 HSC1

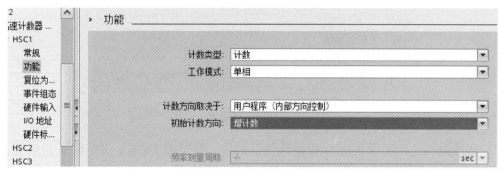

图 5-12　功能设置

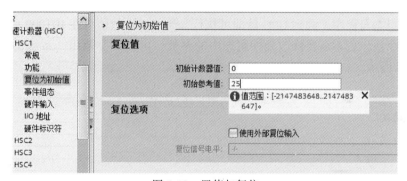

图 5-13　置值与复位

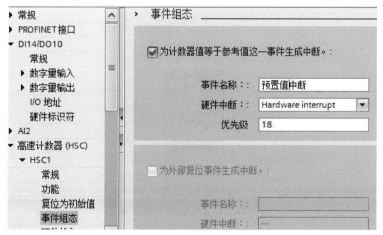

图 5-14　事件组态

图 5-15　硬件输入

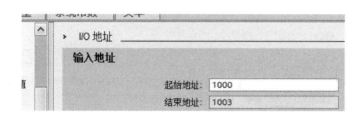

图 5-16　地址输入

3）程序编写。HSC 是高速计数器硬件识别号，这里填 1；CV 为使能更新初值，取 1；RV 为使能更新预置值，取 1；NEW_CV 为新的初始值，取 0；NEW_RV 为新的预置值。

将完成的组态与程序下载到 CPU 后即可执行，当前的计数值可在 ID1000 中读出，关于高速计数器指令块，若不需要修改硬件组态中的参数，可不需要调用，系统仍然可以计数。程序如图 5-17 所示。

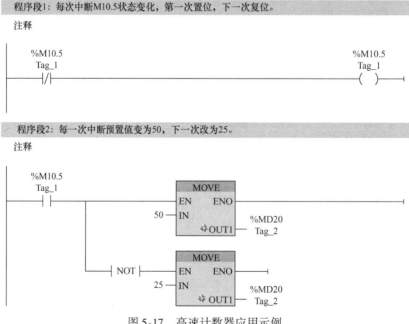

图 5-17　高速计数器应用示例

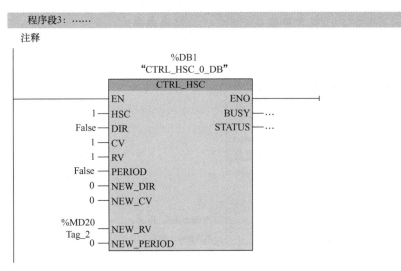

图 5-17　高速计数器应用示例（续）

5.2.2　PID 指令

STEP 7 为 S7－1200 CPU 提供三个 PID 指令：

1）PID_Compact 指令用于通过连续输入变量和输出变量控制工艺过程。

2）PID_3Step 指令用于控制电机驱动的设备，如需要通过离散信号实现打开和关闭动作的阀门。

3）PID_Temp 指令提供一个通用的 PID 控制器，可用于处理温度控制的特定需求。

只有 CPU 从 STOP 模式切换到 RUN 模式后，在 RUN 模式下对 PID 组态和下载进行的更改才会生效。而在"PID 参数"（PID parameters）对话框中使用"起始值控制"（Start value control）进行的更改立即生效。

全部三个 PID 指令（PID_Compact、PID_3Step 和 PID_Temp）都可以计算启动期间的 P 分量、I 分量以及 D 分量（如果组态为"预调节"），还可以将指令组态为"精确调节"，从而可对参数进行优化。用户无需手动确定参数（有关指令的信息，可参见 TIA 门户的在线帮助）。

PID 控制器使用式(5-1) 来计算 PID_Compact 指令的输出值，使用式(5-2) 来计算 PID_3Step 指令的输出值。

$$y = K_P \left[(b \cdot w - x) + \frac{1}{T_I \cdot s}(w - x) + \frac{T_D \cdot s}{a \cdot T_D \cdot s + 1}(c \cdot w - x) \right] \tag{5-1}$$

$$\Delta y = K_P \cdot s \cdot \left[(b \cdot w - x) + \frac{1}{T_I \cdot s}(w - x) + \frac{T_D \cdot s}{a \cdot T_D \cdot s + 1}(c \cdot w - x) \right] \tag{5-2}$$

式中，y 为输出值；w 为设定值；K_P 为比例增益（P 分量）；T_I 为积分作用时间（I 分量）；T_D 为微分作用时间（D 分量）；x 为过程值；s 为拉普拉斯算子；a 为微分延迟系数（D 分量）；b 为比例作用加权（P 分量）；c 为微分作用加权（D 分量）。

PID 控制指令见表 5-21。

表 5-21　PID 控制指令

指 令 图 标	指 令 功 能	数 据 类 型	备　注
%DB2 "PID_Compact_1" PID_Compact EN ENO Setpoint ScaledInput Input Output Input_PER Output_PER Disturbance Output_PWM ManualEnable Setpointlimit_H ManualValue Setpointlimit_L ErrorAck InputWaming_H Reset InputWaming_L ModeActivate State Mode Error ErrorBits	PID_Compact（通用型 PID）：提供可在自动模式和手动模式下自我调节的 PID 控制器。PID_Compact 是具有抗积分饱和功能且对 P 分量和 D 分量加权的 PID T1 控制器	• Setpoint：Real • Input：Real • Input_PER：Word • Output：Real • Output_PER：Word • Output_PWM：Bool • State：Int • Error：Bool • ErrorBits：DWord • Actuator_H：Bool • Actuator_L：Bool • Feedback：Real • Feedback_PER：Word • Output_UP：Bool • Output_DN：Bool • Output_PER：Word • OutputHeat：Real • OutputCool：Real • OutputHeat_PER：Real • OutputCool_PER：Real • OutputHeat_PWM：Real • OutputCool_PWM：Real	参数 Output、Output_PER 和 Output_PWM 的输出可并行使用。如果存在多个错误未解决，则错误代码的值将通过二进制加法显示
%DB3 "PID_3Step_1" PID_3Step EN ENO Setpoint ScaledInput Input ScaledFeedbac Input_PER ScaleFeedback Actuator_H Output_UP Actuator_L Output_DN Feedback Output_PER Feedback_PER Setpointlimit_H Disturbance Setpointlimit_L ManualEnable InputWaming_H ManualValue InputWaming_L Manual_UP State Manual_DN Error ErrorAck ErrorBits Reset ModeActivate Mode	PID_3Step（特殊设置型 PID）：用于组态具有自调节功能的 PID 控制器，这样的控制器已针对通过电机控制的阀门和执行器进行过优化。它提供两个布尔型输出 PID_3Step 是具有抗积分饱和功能且对 P 分量和 D 分量加权的 PID T1 控制器		如果存在多个错误未解决，则错误代码的值将通过二进制加法显示
%DB2 "PID_Temp_1" PID_Temp EN ENO Setpoint ScaledInput Input OutputHeat Input_PER OutputCool Disturbance OutputHeat_PER ManualEnable OutputCool_PER ManualValue OutputHeat_PWM ErrorAck OutputCool_PWM Reset SetpointLimit_H ModeActivate SetpointLimit_L Mode InputWaming_H Master InputWaming_L Slave State Error ErrorBits	PID_Temp（通用温控 PID）：通用的 PID 控制器，可用于处理温度控制的特定需求。该指令使用不同执行器加热或冷却此过程；用于处理温度过程的集成式自动调节；级联处理取决于同一执行器的多个温度		可以并行使用 Output、Output_PER 和 Output_PWM 参数的输出。如果存在多个错误未解决，则错误代码的值通过二进制加法显示

应用举例

恒温控制装置由 1200PLC 一台，模拟量输入模块 SM1231（PLC 自带的输入通道不支持 4 ~ 20mA 电流输入）一个，温度传感器 PT100 一个，以及温度变送器、固态继电器等组成，利用 PID 控制指令实现对温度的调节控制。

具体实现步骤如下：

1）新建 S7 − 1200 PLC 项目工程，添加 PLC 和模拟量输入模块。修改模块的模拟量输入类型为 4 ~ 20mA、激活启用溢出诊断，设置模拟量模块的 IO 地址为 96-103（8 个字），如图 5-18、图 5-19 所示。

图 5-18　修改模块的模拟量输入类型

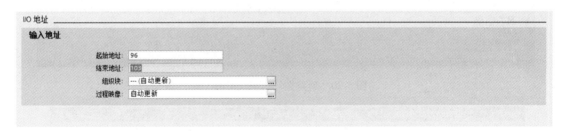

图 5-19　设置模拟量模块 IO 地址

2）新建循环组织块 OB30，循环时间选择默认值 100ms，如图 5-20 所示。

3）在循环组织块中调用 Compact-PID 指令，会自动生成对应的工艺对象，对工艺对象进行组态。组态包括：基本设置项目，如图 5-21 所示；过程值设置项目，如图 5-22、图 5-23 所示；高级设置项目，如图 5-24 ~ 图 5-27 所示。

4）新建 DB 块（取消块的优化），内部数据选择保持型，如图 5-28 所示。

5）完成程序编写，其中：设定值和模式选择要使用保持性寄存器，否则断电重启会出问题；ERRACK 只是复位，但 RESET 具有复位重启的作用（请慎用）；PID-3STEP 指令专注于阀门类的 PID 控制，PID-TEMP 指令专注于温度的 PID 控制；0 代表未激活模式，3 代表自动模式，4 代表手动模式。如图 5-29 所示。

6）将程序下载到 PLC 中，在线监视，设定值设为 60℃，模式设为 0，打开工艺对象中的调试；先进行预调节，再进行精确调节。

7）调节完成一定要上传参数并重新下载工艺对象。

图 5-20　新建循环组织块 OB30

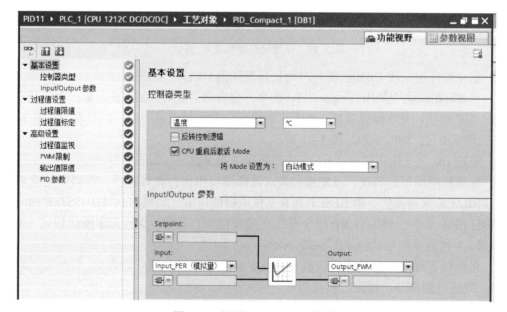

图 5-21　调用 Compact-PID 指令

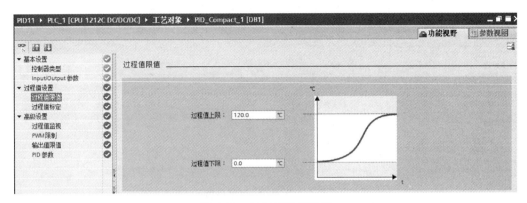

图 5-22　过程值限值设置

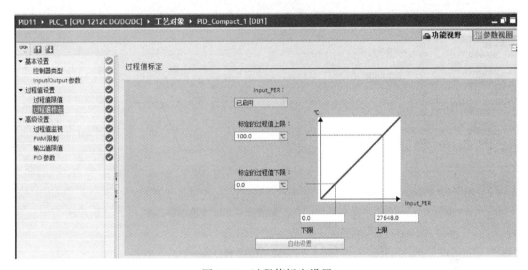

图 5-23　过程值标定设置

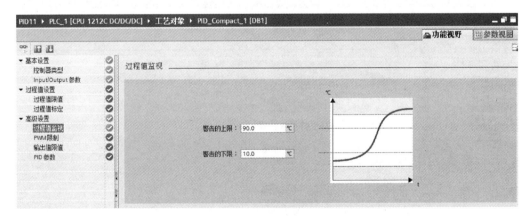

图 5-24　过程值监视设置

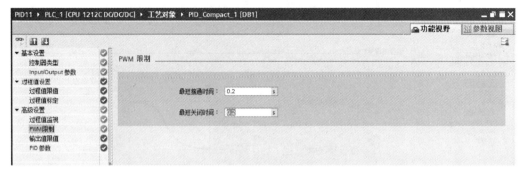

图 5-25　PWM 限制设置

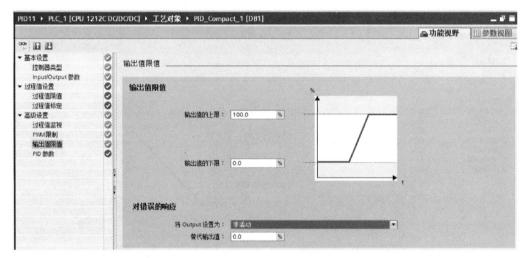

图 5-26　输出值限制设置

图 5-27　PID 参数设置

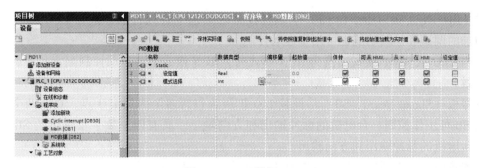

图 5-28　PID 数据 DB2

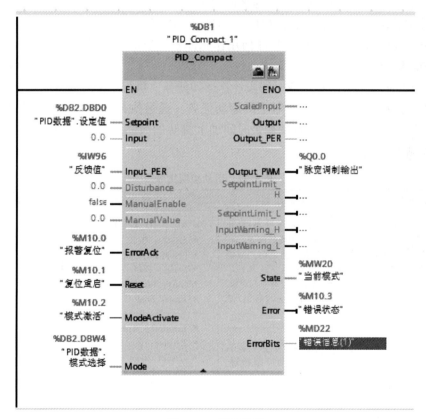

图 5-29　编程示例

5.2.3　运动控制指令

CPU 通过脉冲接口为步进电机和伺服电机的运行提供运动控制功能。运动控制指令使用相关工艺数据块和 CPU 的专用 PTO（脉冲串输出）来控制轴上的运动。运动控制功能负责对驱动器进行监控，具体包括：

1）"轴"工艺对象用于组态机械驱动器的数据、驱动器的接口、动态参数以及其他驱动器属性。

2）通过对 CPU 的脉冲输出和方向输出进行组态来控制驱动器。

3）用户程序使用运动控制指令来控制轴并启动运动任务。

4）PROFINET 接口用于在 CPU 与编程设备之间建立在线连接。除了 CPU 的在线功能外，附加的调试和诊断功能也可用于运动控制。

仅当 CPU 从 STOP 模式切换为 RUN 模式时，RUN 模式下对运动控制配置和下载的更改才会生效。

信号板（Signal Board，SB）将板载 I/O 扩展为包含多个附加 I/O 点。具有两个数字量输出的 SB 可用作控制一台电机的脉冲输出和方向输出。具有四个数字量输出的 SB 可用作控制两台电机的脉冲输出和方向输出。

不能将内置继电器输出用作控制电机的脉冲输出。用户程序中的其他指令无法使用脉冲串输出。将 CPU 或信号板的输出组态为脉冲发生器时（供 PWM 或运动控制指令使用），会从 Q 存储器中移除相应的输出地址（Q0.0 ~ Q0.3，Q4.0 ~ Q4.3），并且这些地址在用户程序中不能用于其他用途。如果用户程序向用作脉冲发生器的输出写入值，则 CPU 不会将该值写入到物理输出。

CPU 以 10ms 为"时间片"或时间段计算运动任务。执行一个时间片时，下一时间片会在队列中等待执行。如果中断某个轴上的运动任务（通过执行该轴的其他新运动任务），可能最多要等待 20ms（当前时间片的剩余时间加上排队的时间片）才能执行新运动任务。运动控制指令见表 5-22。

表 5-22　运动控制指令

指令图标	指令功能	数据类型	备　注
MC_Power_DB MC_Power EN　　ENO Axis　　Status Enable　Busy StopMode　Error 　　ErrorID 　　ErrorInfo	MC_Power（发布/阻止轴）：可启用或禁用轴。在启用或禁用轴之前，应确保以下条件： ● 已正确组态工艺对象 ● 没有未决的启用–禁止错误	● Axis：TO_Axis_1 ● Enable：Bool ● StopMode：Int ● Status：Bool ● Busy：Bool ● Error：Bool ● ErrorID：Word ● ErrorInfo：Word ● Execute：Bool ● Restart：Bool ● Done：Bool ● Position：Bool ● Mode：Int ● CommandAborted：Bool ● Velocity：Real ● Distance：Real ● Direction：Int ● Current：Bool ● JogForward：Bool ● JogBackward：Bool ● InVelocity：Bool ● CommandTable：Bool ● TO_CommandTable_1 ● StartIndex：Int ● EndIndex：Int ● ChangeRampUp：Bool ● RampUpTime：Real ● ChangeRampDown：Bool	运动控制任务无法中止 MC_Power 的执行。禁用轴（输入参数 Enable = FALSE）将中止相关工艺对象的所有运动控制任务
MC_Reset_DB MC_Reset EN　　ENO Axis　　Done Execute　Busy Restart　Error 　　ErrorID 　　ErrorInfo	MC_Reset（确认错误）：复位所有运动控制错误。可确认"导致轴停止的运行错误"和"组态错误"。需要确认的错误可在"解决方法"下的"ErrorIDs 和 ErrorInfo 的列表"中找到		使用 MC_Reset 指令前，必须已将需要确认的未解决的组态错误消除（例如，通过将"轴"工艺对象中的无效加速度值更改为有效值）
MC_Home_DB MC_Home EN　　ENO Axis　　Done Execute　Busy Position　CommandAborted Mode　　Error 　　ErrorID 　　ErrorInfo	MC_Home（使轴回原点）：可建立轴控制程序与轴机械定位系统之间的关系。可将轴坐标与实际物理驱动器位置匹配。轴的绝对定位需要回原点。 为了使用 MC_Home 指令，必须先启用轴		在下列情况下，轴回原点会失败：通过 MC_Power 指令禁用轴；在自动控制和手动控制之间切换；主动回原点开始时（成功完成回原点操作后，可再次进行轴回原点操作）；对 CPU 循环上电后 CPU 重新启动（RUN- to- STOP 或 STOP-to-RUN）

（续）

指 令 图 标	指 令 功 能	数 据 类 型	备 注
MC_Halt_DB MC_Halt EN　ENO Axis　Done Execute　Busy CommandAborted Error ErrorID ErrorInfo	MC_Halt（暂停轴）：可停止所有运动并将轴切换到停止状态。停止位置未定义。为了使用 MC_Halt 指令，必须先启用轴	• RampDownTime：Real • ChangeEmergency：Bool • EmergencyRampTime：Real • ChangeJerkTime：Bool • JerkTime：Real • PARAMNAME：Variant • VALUE：Variant • VALID：Bool • VALUE：Variant	
MC_MoveAbsolute_DB MC_MoveAbsolute EN　ENO Axis　Done Execute　Busy Position　CommandAborted Velocity　Error ErrorID ErrorInfo	MC_MoveAbsolute（绝对定位轴）：可启动轴到绝对位置的定位运动。为了使用 MC_MoveAbsolute 指令，必须先启用轴，同时必须使其回原点		
MC_MoveRelative_DB MC_MoveRelative EN　ENO Axis　Done Execute　Busy Distance　CommandAborted Velocity　Error ErrorID ErrorInfo	MC_MoveRelative（相对定位轴）：可启动相对于起始位置的定位运动。为了使用 MC_MoveRelative 指令，必须先启用轴		
MC_MoveVelocity_DB MC_MoveVelocity EN　ENO Axis　Done Execute　Busy Velocity　CommandAborted Distance　Error Current　ErrorID ErrorInfo	MC_MoveVelocity（以预定义速度移动轴）：以指定的速度持续移动轴。为了使用 MC_MoveVelocity 指令，必须先启用轴		启动 MC_MoveVelocity 任务时，将设置工艺对象的状态位"Speed-Command"。轴停止运动后，将立即设置状态位"ConstantVelocity"。启动新运动任务时，这两个位均会适应新情况
MC_MoveJog_DB MC_Move Jog EN　ENO Axis　InVelocity JogForward　Busy JogBackward　CommandAborted Velocity　Error ErrorID ErrorInfo	MC_MoveJog（在点动模式下移动轴）：以指定的速度在点动模式下持续移动轴。该指令通常用于测试和调试。为了使用 MC_MoveJog 指令，必须先启用轴		如果 JogForward 和 JogBackward 参数同时为 TRUE，则轴将以组态后的减速度停止运动
MC_CommandTable_DB MC_CommandTable EN　ENO Axis　Done CommandTa…　Busy Execute　CommandAborted StartIndex　Error EndIndex　ErrorID ErrorInfo CurrentIndex Code	MC_CommandTable（按移动顺序运行轴命令）：针对电机控制轴执行一系列单个运动，这些运动可组合成一个运动序列。在脉冲串输出的工艺对象命令表（TO_CommandTable_PTO）中，可以组态这些单个的运动		执行 MC_Command-Table 的先决条件：工艺对象 TO_Axis_PTO V2.0 必须已正确组态；工艺对象 TO_Command-Table_PTO 必须已正确组态；必须释放轴

（续）

指 令 图 标	指 令 功 能	数 据 类 型	备 注
MC_ChangeDynamic_DB MC_ChangeDynamic EN　　　　　ENO Axis　　　　　Done Execute　　　　Error ChangeRampUP　ErrorID RamPUPTime　　ErrorInfo ChangeRamPDown RampDownTime ChangeEmergency EmergencyRampTime ChangeJerkTime JerkTime	MC_ChangeDynamic（更改轴的动态设置）：更改运动控制轴的动态设置： ● 更改加速时间（加速度）值 ● 更改减速时间（减速度）值 ● 更改急停减速时间（急停减速度）值 ● 更改平滑时间（冲击）值		执行该指令先决条件：工艺对象 TO_Axis_PTO V2.0 必须已正确组态；必须释放轴
MC_WriteParam_DB Bool EN　　　　ENO Execute　　Done Parameter　Busy Value　　　Error 　　　　　ErrorID 　　　　　ErrorInfo	MC_WriteParam（写入工艺对象的参数）：可写入公共参数（例如，加速度值和用户 DB 值）		使用 MC_WriteParam 指令可写入选定数量的参数来通过用户程序更改轴功能
MC_ReadParam_DB Real EN　　　　ENO Enable　　ValId Parameter　Busy Value　　　Error 　　　　　ErrorID 　　　　　ErrorInfo	MC_ReadParam（读取工艺对象的参数）：可读取单个状态值，与周期控制点无关		使用 MC_ReadParam 指令可读取选定数量的参数，以指示轴输入过程中定义的轴的当前位置、速度等

习题与思考题

1. 用相关指令读取系统的本地时间，并将时钟数据中的当前日期、星期的数字显示出来。

2. 用指令编程计算：（2 小时 48 分 30 秒）+（1 小时 21 分 58 秒）= ？。

3. 计算日期 2032.3.10 与日期 2016.11.21 之间的天数。

4. CPU 支持使用 String（字符串）数据类型存储一串单字节字符，其中第一个标头字节和第二个标头字节的数据分别表示该字符串的什么指标？字符用什么格式表示？字符串的最大长度是多少？

5. 编程实现将数字 123 和 123.456 转换成相应的字符串表示。

6. 用定时中断设置一个每 0.1s 采集一次模拟量输入值的控制程序。

7. 画出 SRT_DINT 指令的时序图，标记出延时终端执行的开始时刻。

8. 如何使用 "IED" 指令读取 CPU 或接口上 LED 的状态，并说明状态返回值不同所对应的不同含义。

9. 按 A/B 相正交计数器模式配置高速计数器 HSC1，设置（组态）相关参数。

10. 以输出点 Q0.0 和 Q0.1 为例，简述 CTRL_PWM（脉宽调制）指令初始化（组态）及其操作过程。

11. 说明在处理地址指令中 GEO2LOG 指令是如何获取硬件标识符的？系统数据类型 GEOADDR 定义模块中包含何种信息？并说明硬件标识符所存储的位置。

12. 简述高速计数器的作用。S7－1200 PLC 高速计数器有几种基本计数模式？

13. S7－1200 PLC 提供哪些 PID 控制指令？简述 PID 控制中各指令的基本功能。

14. 设计一具有 PID 调节功能的温度测控装置。要求：使用 PT100 温度传感器，用 PID 的脉宽调节来控制固态继电器输出，从而控制加热元件的开与关；在循环中断中插入 PID 指令，并对相关参数进行参数设置；在 TIA Portal（V13 以上版本）环境下完成组态和编程。

15. S7 - 1200 PLC 有专门的运动控制指令，该类指令使得 CPU 通过什么通道和什么信号对步进电动机和伺服电动机进行控制？运动控制功能负责对什么设备（模块）进行监控？

16. 设计一调速装置，装置由编程设备（安装有 STEP7 V13 SP1）+ PLC（CPU1214C DC/DC/DC）+ V80 驱动器 + 1FL4 伺服电动机 4 部分组成，要求：

（1）给出高速脉冲输出信号分配表；

（2）给出硬件接线表；

（3）编程实现如下功能：①使能驱动；②停止；③复位；④回零；⑤点动；⑥绝对移动。

第6章
可编程控制器系统设计与应用

可编程控制器由于通用性强、灵活性好、编程方法简单易学及高可靠性，被越来越广泛应用于工业领域。在工业应用中，对控制系统设计时应遵循其原则及步骤，将软硬件分开设计。

本章主要内容包括：

- 可编程控制器系统设计一般原则与步骤
- 可编程控制器应用程序的基本环节及设计技巧

本章重点是可编程控制器应用程序的基本环节、设计技巧与应用实例。通过本章的学习，使读者了解可编程控制器系统设计的一般原则与步骤、硬件配置、软件设计，熟悉掌握软、硬件设计的基本环节及设计技巧。

6.1 控制系统设计

6.1.1 控制系统设计的基本原则

对于工业领域或其他领域的被控对象来说，电气控制的目的是在满足其生产工艺要求的情况下，最大限度地提高生产效率和产品质量。为达到此目的，在可编程控制器系统设计时应遵循以下原则：

1) 最大限度地满足控制要求。设计人员要深入现场进行调查研究，收集资料。同时要注意和现场工程管理和技术人员及操作人员紧密配合，充分发挥 PLC 功能。

2) 在满足控制要求的前提下，力求使控制系统简单、经济、适用及维护方便；同时，一方面要注意不断地扩大工程的效益，另一方面也要注意不断地降低工程的成本。不宜盲目追求自动化和高指标。

3) 保证系统的安全可靠。

4) 考虑生产发展和工艺改进的要求以及今后控制系统发展和完善的需要，在选型时应留有适当的余量。

6.1.2 控制系统设计的一般步骤

随着 PLC 功能的不断提高和完善，PLC 几乎可以完成工业控制领域的所有任务。但 PLC 还是有它最适合的应用场合，所以在接到一个控制任务后，要分析被控对象的控制过程和要求，看看用什么控制装备（PLC、单片机、DCS 或 IPC）来完成该任务最合适。比如仪器及仪表装置、家电的控制器就要用单片机来做；大型的过程控制系统大部分要用 DCS 来完成。而 PLC 最适合的控制对象是：工业环境较差，对安全性、可靠性要求较高，系统工艺复杂，输入/输出以开关量为主的工业自控系统或装置。其实，现在的可编程控制器不仅能处理开关量，而且对模拟量的处理能力也很强。所以在很多情况下，也可取代工业控制计算机（IPC）作为主控制器，来完成复杂的工业自动控制任务。

控制对象及控制装置（选定为 PLC）确定后，还要进一步确定 PLC 的控制范围。一般来说，能够反映生产过程的运行情况，能用传感器进行直接测量的参数，控制逻辑复杂的部分都由 PLC 完成。另外，对主要控制对象，如紧急停车等环节，还要加上手动控制功能，这就需要在设计电气系统原理图与编程时统一考虑。

由于 PLC 的结构和工作方式与一般微机和继电器相比各有特点，所以其设计的步骤也不尽相同，具体设计步骤如下：

（1）选择 PLC 类型　PLC 机型选择的基本原则应是在满足功能要求的情况下，主要考虑结构、功能、统一性和在线编程要求等几个方面。在结构方面对于工艺过程比较固定，环境条件较好的场合，一般维修量较小，可选用整体式结构的 PLC。其他情况可选用模块式的 PLC。功能方面对于开关量控制的工程项目，对其控制速度无须考虑，一般的低档机型就可以满足。对于以开关量为主，带少量模拟量控制的工程项目，可选用带 A/D、D/A 转换，加减运算和数据传送功能的低档机型。而对于控制比较复杂，控制功能要求高的工程项目，可根据控制规模及其复杂程度，选用中档或高档机型。其中高档机型主要用于大规模过程控制、全 PLC 的分步式控制系统以及整个工厂的自动化等方面。为了实现资源共享，采用同一机型的 PLC 配置，配上位机后，可把控制各个独立系统的多台 PLC 连成一个多级分布式控制系统，相互通信，集中管理。

此外，PLC 容量选择也是选型重点。首先要对控制任务进行详细的分析，把所有的 I/O 点找出来，包括开关量 I/O 和模拟量 I/O 以及这些 I/O 点的性质。I/O 点的性质主要指它们是直流信号还是交流信号，它们的电源电压，以及输出是用继电器型还是晶体管或是晶闸管型。控制系统输出点的类型非常关键，如果它们之中既有交流 220V 的接触器、电磁阀，又有直流 24V 的指示灯，则最后选用的 PLC 的输出点数有可能大于实际点数。因为 PLC 的输出点一般是几个一组共用一个公共端，这一组输出只能有一种电源的种类和等级。所以一旦它们是交流 220V 的负载使用，则直流 24V 的负载只能使用其他组的输出端。这样有可能造成输出点数的浪费，增加成本。所以要尽可能选择相同等级和种类的负载，比如使用交流 220V 的指示灯等。一般情况下继电器输出的 PLC 使用最多，但对于要求高速输出的情况，如运动控制时的高速脉冲输出，就要使用无触点的晶体管输出的 PLC。确定这些以后就可以确定选用多少点和 I/O 是什么类型的 PLC。

然后要对用户存储器容量进行估算。用户程序所需内存容量受到内存利用率、开关量输入/输出点数、模拟量输入/输出点数和用户编程水平等几个主要因素的影响。把一个程序段中的节点数与存放该程序段所代表的机器语言所需的内存字数的比值称为内存利用率。高的内存利用率给用户带来好处，同样的程序可以减少内存量，从而降低内存投资。另外，同样的程序可缩短扫描周期时间，从而提高系统的响应。可编程控制器开关量输入/输出总点数是计算所需内存容量的重要根据。

（2）根据控制要求确定所需的用户输入/输出设备　可编程控制器输入模块的任务是检测来自现场设备的高电平信号并转换为机器内部电平信号，模块类型分为直流 5V、12V、24V、60V、68V 等几种，交流 115V 和 220V 两种。依据现场设备与模块之间的远近程度选择电压的大小。一般 5V、12V、24V 属于低电平，传输距离不宜太远，距离较远的设备应该选用较高电压的模块比较可靠。另外，高密度的输入模块同时接通点数取决于输入电压和环境温度。一般而言，同时接通点数不得超过 60%。为了提高系统的稳定性，必须考虑接通电平与关断电平之差即门槛电平的大小。门槛电平值越大，抗干扰能力越强，传输距离越远。

可编程控制器输出模块的任务是将机器内部信号电平转换为外部过程的控制信号。对于开关频率高、电感性、低功率因数的负载，适合使用晶闸管输出模块，但模块价格较高，过载能力稍差。继电器输出模块的优点是适用电压范围较宽，导通压降损失小，价格较低，但寿命较短，响应速度较慢。输出模块同时接通点数的电流累计值必须小于公共端所允许通过的电流值，输出模块的电流值必须大于负载电流的额定值。

（3）分配 PLC 的 I/O 点，设计 I/O 连接图　输入/输出信号在 PLC 接线端子上的地址分配是进行 PLC 控制系统设计的基础。对软件设计来说，I/O 地址分配以后才可进行编程；对控制柜及 PLC 的外围接线来说，只有 I/O 地址确定以后，才可以绘制电气接线图、装配图，让装配人员根据线路图和安装图安装控制柜。在进行 I/O 地址分配时最好把 I/O 点的名称、代码和地址以表格的形式列出来。

当选择了 PLC 之后，首先需要确定的是系统中各 I/O 点的绝对地址。在西门子 S7 系列 PLC 中，I/O 绝对地址的分配方式有固定地址型、自动分配型、用定义型三种。实际所使用的方式取决于所采用的 PLC 的 CPU 型号、编程软件、软件版本、编程人员的选择等因素。

● 固定地址型。固定地址分配方式是一种对 PLC 安装机架上的每一个安装位置（插槽）都规定地址的分配方式。其特点如下：

1）PLC 的每一个安装位置都按照该系列 PLC 全部模块中可能存在的最大 I/O 点数分配地址。

2）对于输入或输出来说，I/O 地址是间断的，而且在输入与输出中不可以使用相同的二进制字节与位。

● 自动分配型。自动地址分配方式是一种通过自动检测 PLC 所安装的实际模块，自动、连续分配地址的分配方式。其特点如下：

1）PLC 的每一个安装位置的 I/O 点数量无规定，PLC 根据模块自动分配地址。

2）输入与输出的地址均从 0.0 起连续编排、自动识别，I/O 地址连续、有序。

● 用户设定型。用户设定型分配方式是一种可以通过编程软件进行任意定义的地址分配方式。其特点如下：

1）PLC 的每一个安装位置的地址可以任意定义，I/O 点数量无规定，但同一 PLC 中不可以重复。

2）输入与输出的地址既可以是间断的，也可以不按照次序排列。

（4）PLC 软件设计，同时可进行控制台的设计和现场施工　根据系统设计要求编写程序规格要求说明书，再用相应的编程语言进行程序设计。PLC 的软件设计包括系统初始化程序、主程序、子程序、中断程序、故障应急措施和辅助程序的设计。首先应根据总体要求和控制系统的具体情况，确定程序的基本结构，画出控制流程图或功能流程图，然后再去编写具体的程序。在实际的工作中，软件的实现方法有很多种，具体使用哪种方法，因人和控制对象而异，简单的系统可以用经验法设计，复杂的系统一般用顺序控制法设计。

　　程序规格说明书应该包括技术要求和编制依据等方面的内容。例如程序模块功能要求、控制对象及其动作时序、精确度要求、响应速度要求、输入装置、输入条件、输出条件、接口条件、输入模块和输出模块接口、I/O 分配表等内容。根据 PLC 控制系统硬件结构和生产工艺条件要求，在程序规格说明书的基础上，使用相应的编程语言指令，编制实际应用程序的过程即是程序设计。同时根据实际的控制系统要求，设计相应配套适用的操作台和电气柜，并且按照系统要求选择所需的电气元件。

　　（5）系统调试，固化程序，交付使用　调试系统程序，确保程序能够满足控制要求的前提下，安全、稳定运行，固化程序并编写设计说明书和操作使用说明书。

　　设计说明书是对整个设计过程的综合说明，一般包括设计的依据、基本结构、各个功能单元的分析、使用的公式和原理、各参数的来源和运算过程、程序调试情况等内容。操作使用说明书主要是提供给使用者和现场调试人员使用的。一般包括操作规范、步骤及常见故障问题。根据具体控制对象，上述内容可适当调整。

6.1.3　控制程序设计及设计技巧

　　1. PLC 软件程序设计方法

　　PLC 软件程序设计主要有以下几种常用的方法：

　　（1）经验设计法　在 PLC 发展的初期，沿用了设计继电器电路图的方法来设计梯形图程序，即在已有的一些典型梯形图的基础上，根据被控对象对控制的要求，不断地修改和完善梯形图。有时需要多次反复地调试和修改梯形图，不断地增加中间编程元件和触点，最后才能得到一个较为满意的结果。这种方法没有普遍的规律可以遵循，设计所用的时间、设计的质量与编程者的经验有很大的关系，所以把这种设计方法称为经验设计法。

　　经验设计法对于一些比较简单的程序设计是比较奏效的，可以收到快速、简单的效果。但是，由于这种方法主要是依靠设计人员的经验进行设计，所以对设计人员的要求也就比较高，特别是要求设计者有一定的实践经验，对工业控制系统和工业上常用的各种典型环节比较熟悉。经验设计法没有规律可遵循，具有很大的试探性和随意性，常常需经多次反复修改和完善才能符合设计要求，所以设计的结果往往不很规范，因人而异。

　　经验设计法一般适合于设计一些简单的梯形图程序或复杂系统的某一局部程序（如手动程序等）。如果用来设计复杂系统梯形图，则存在以下问题：

　　1）考虑不周、设计麻烦、设计周期长。用经验设计法设计复杂系统的梯形图程序时，要用大量的中间元件来完成记忆、联锁、互锁等功能，由于需要考虑的因素很多，它们往往又交织在一起，分析起来非常困难，并且很容易遗漏一些问题。修改某一局部程序时，很可能会对系统其他部分程序产生意想不到的影响，往往花了很长时间，还得不到一个满意的结果。

　　2）梯形图的可读性差、系统维护困难。用经验设计法设计的梯形图是按设计者的经验和习惯的思路进行设计。因此，即使是设计者的同行，要分析这种程序也非常困难，更不用说维修人员了，这给 PLC 系统的维护和改进带来许多困难。

　　（2）逻辑设计法　逻辑设计法是以数字电路中的组合逻辑电路或时序逻辑电路的思想来设计 PLC 程序。PLC 的最基本功能是逻辑运算，早期 PLC 的应用主要是利用该功能替代继电器控制系统。用"1"和"0"两种状态取值代替传统的继电器及交流接触器等电气元件触点的"吸合""断开"或线圈"得电""断电"状态，运用逻辑代数设计 PLC 应用程序是完全可行的。最基本的逻辑关系运算是"与""或""非"三种，分别对应 PLC 程序中节点的串联、并联和反状态，并可在此基础上构建更复杂的"与非""或非""与或"等逻辑运算关系。当一个逻辑函数用逻辑变量的基本运算式表达出来后，实现这个逻辑函数的线路就确定了。当这种方法使用熟练后，甚至梯形图程序也可以省略，可以直接写出与逻辑函数和表达式对应的指令语句程序。

用逻辑设计法设计 PLC 应用程序的一般步骤如下：

1) 列出执行元件动作节拍表。

2) 绘制电气控制系统的状态转移图。

3) 进行系统的逻辑设计。

4) 编写程序。

5) 对程序检测、修改和完善。

控制系统设计的难易程度因控制任务而异，也因人而异。对于经验丰富的工程技术人员来说，在长时间的专业工作中，受过各种各样的磨练，积累了许多经验，除了一般的编程方法外，更有自己的编程技巧和方法，可采用经验法。但不管采用哪种方法，平时多注意积累和总结是很重要的。

在程序设计时，除了 I/O 地址列表外，有时还要把在程序中用到的中间继电器（M）、定时器（T）、计数器（C）和存储单元（V）以及它们的作用或功能列写出来，以便编写和阅读程序。

在编程语言的选择上，是使用梯形图、语句表还是功能图，这主要取决于以下几点：

1) 有些 PLC 使用梯形图编程不是很方便，则可以使用语句表编程，但是梯形图比语句表直观。

2) 经验丰富的人员可以使用语句表直接编程，就像使用汇编语言一样。

2. PLC 编程的一般步骤

对一个 PLC 系统编写程序，方法有很多种，除经验设计法、逻辑设计法外，还有图解法、解析法等，编程一般遵循以下几个步骤：

1) 程序设计前的准备工作。首先要了解控制系统的全部功能、规模、控制方式、输入/输出信号的种类和数量、是否有特殊功能的接口、与其他设备的关系、通信的内容与方式等，从而对整个控制系统建立一个整体的概念。接着进一步熟悉被控对象，可把控制对象和控制功能按照响应要求、信号用途或控制区域分类，确定检测设备和控制设备的物理位置，了解每一个检测信号和控制信号的形式、功能、规模及之间的关系。

2) 设计程序框图。根据软件设计规格书的总体要求和控制系统的具体情况，确定应用程序的基本结构，按程序设计标准绘制出程序结构框图，然后再根据工艺要求，绘出各功能单元的功能流程图。

3) 编写程序。根据设计出的框图逐条地编写控制程序，编写过程中要及时给程序加注释。

4) 程序调试。调试时先从各功能单元入手，设定输入信号，观察输出信号的变化情况。各功能单元调试完成后，再调试全部程序，调试各部分的接口情况，直到满意为止。程序调试可以在实验室进行，也可以在现场进行。如果在现场进行测试，需将可编程控制器系统与现场信号隔离，可以切断输入/输出模板的外部电源，以免引起机械设备动作。程序调试过程中先发现错误，后进行纠错。基本原则是"集中发现错误，集中纠正错误"。

5）编写程序说明书。在说明书中通常对程序的控制要求、程序的结构、流程图等给以必要的说明，并且给出程序的安装操作使用步骤等。

3. PLC 编程的一般要求

在编程过程中要满足以下几点要求：

1）所编的程序要合乎所使用的 PLC 的有关规定。主要是对指令要准确地理解，正确地使用。各种 PLC 指令多有类似之处，但还有些差异。对于有 PLC 使用经验的人，当选用另一种不太熟悉的型号进行编程设计时，一定要对新型号 PLC 的指令重新理解一遍，否则容易出错。

2）要使所编的程序尽可能简洁。简短的程序可以节省内存，简化调试，而且还可节省执行指令的时间，提高对输入的响应速度。要使所编的程序简短，就要注意编程方法，用好指令，用巧指令，还要能优化结构。要实现某种功能，一般而言，在达到的目的相同时，用功能强的指令比用功能单一的指令，程序步数可能会少些。

3）要使所编的程序尽可能清晰。这样既便于程序的调试、修改或补充，也便于别人了解和读懂程序。要想使程序清晰，就要注意程序的层次，讲究模块化、标准化。特别是在编制复杂的程序时，更要注意程序的层次，可积累自己的与吸收别人的经验，整理出一些标准的具有典型功能的程序，并尽可能使程序单元化，像计算机中的常用的一些子程序一样，移来移去都能用，这样设计起来简单，别人也易了解。

4）要使所编的程序合乎 PLC 的性能指标及工作要求。所编程序的指令条数要少于所选用的 PLC 内存的容量，即程序在 PLC 中能放得下，所用的输入、输出点数要在所选用 PLC 的 I/O 点数范围之内，PLC 的扫描时间要少于所选用 PLC 的程序运行监测时间。PLC 的扫描时间不仅包括运行用户程序所需的时间，而且还包括运行系统程序（如 I/O 处理、自监测）所需的时间。

5）所编程序能够循环运行。PLC 的工作特点是循环反复、不间断地运行同一程序。运行从初始化后的状态开始，待控制对象完成了工作循环，则又返回初始化状态。只有这样才能使控制对象在新的工作周期中也得到相同的控制。

4. PLC 编程减少输入、输出点方法

在程序编制完成后，在不改变工艺要求的前提下能够稳定运行。但实际生产线中，常常由于设备更换、流程更换的原因，工艺要求改变，就必须要改变程序，有时会出现 I/O 点数不够又不想增加 PLC 扩展单元，此时可采用一些方法来减少输入点和输出点。

（1）减少输入点的方法

1）用二极管隔离的分组输入法。控制系统一般具有手动和自动两种工作方式。由于手动与自动是不同时发生的，可分成两组，并由转换开关 SA 选择自动（位置2）和手动（位置1）的工作位置，如图 6-1 所示。这样一个输入点就可当作两个输入点使用。二极管的作用是避免产生寄生电路，保证信号的正确输入。

2）触点合并式输入方法。在生产工艺允许的条件下，将具有相同性质和功能的输入触点串联或并联后再输入 PLC 输入端，这样使几个输入信号只占用一个输入点。下面以两地控制程序为例来进行说明。

设有一台电动机，要求分别在甲、乙两地均可对其进行起、停控制。甲地设停止按钮 SB_1，起动按钮 SB_3；乙地设停止按钮 SB_2，起动按钮 SB_4，I/O 接线图和分配表如图 6-2 和表 6-1 所示。

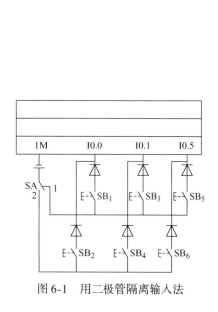

图 6-1 用二极管隔离输入法

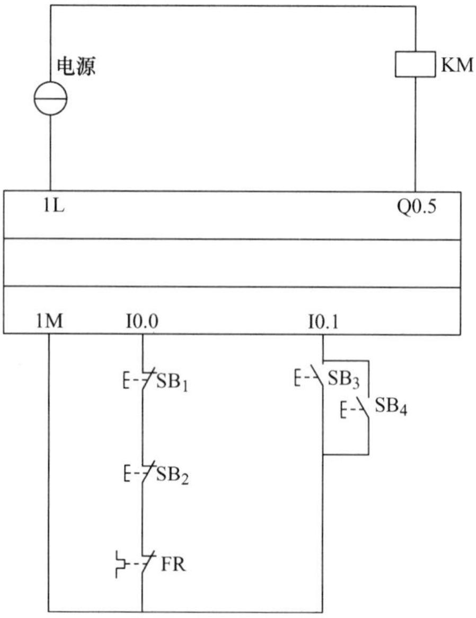

图 6-2 I/O 接线图

表 6-1 I/O 分配表

输 入 信 号		输 出 信 号	
甲、乙停止按钮串联（$SB_1 * SB_2$）	I0.0	接触器 KM	Q0.5
甲、乙起动按钮并联（$SB_3 + SB_4$）	I0.1		

对应的梯形图如图 6-3 所示。这样，不管是在甲地或乙地均可对电动机进行起、停控制。而只占用 PLC 两个输入点（I0.0、I0.1）。

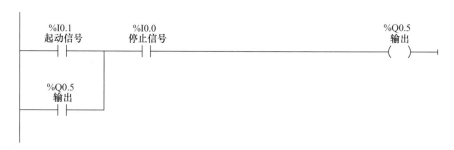

图 6-3 I/O 梯形图

推而广之，对于多地点控制，只要将 n 地的停止按钮的常闭触点串联起来，接入 PLC 的一个输入点；再将 n 地的起动按钮并联起来，接入 PLC 的一个输入点。

3）单按钮起、停控制程序。通常起、停控制（如某电动机的起、停控制）均要设置两个控制按钮作为起动控制和停止控制。现介绍只用一个按钮，通过软件编程，实现起动与停止的控制。

单按钮控制梯形图如图 6-4 所示，I0.0 作为起动、停止按钮的地址，第一次按下时 Q0.0 有输出，第二次按下时 Q0.0 无输出，第三次按下时 Q0.0 又有输出。

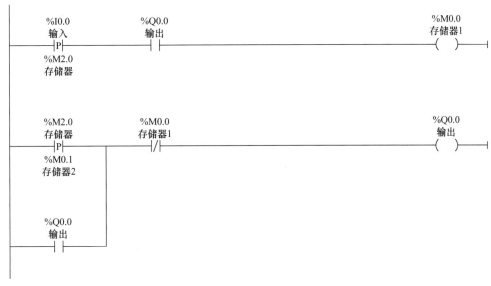

图 6-4　单按钮控制梯形图

（2）减少输出点的方法　对于两个通断状态完全相同的负载，可将它们并联后共用一个 PLC 的输出点，如图 6-5 所示。

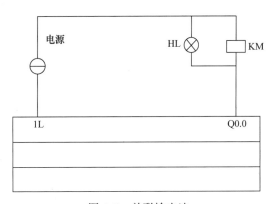

图 6-5　并联输出法

两个负载并联共用一个输出点，应注意两个输出负载电流总和不能大于输出端子的负载能力。

由于信号灯负载电流很小，故常用信号灯与被指示的负载并联的方法，这样可少占用 PLC 一个输出点。

6.2　应用程序的典型环节及设计技巧

复杂的控制程序一般都是由一些典型的基本环节有机地组合而成的，因此，掌握这些基本环节尤为重要，它有助于程序设计水平的提高。以下是几个常用的典型环节。

1. 多地点控制

有些电气设备，如大型机床、起重运输机等，为了操作方便，常要求能在多个地点对同一台电动机实现控制。图 6-6 所示为三地点控制电路。设置三个停止按钮 SB_1、SB_2、SB_3，三个起动按钮 SB_4、SB_5、SB_6，接触器 KM。I/O 分配表见表 6-2，I/O 接线图如图 6-7 所示。

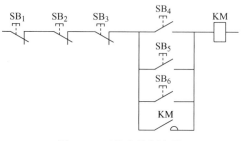

图 6-6　三地点控制电路

表 6-2　I/O 分配表

输入信号		输出信号	
停止按钮	SB_1　I0.0	接触器 KM	Q0.0
	SB_2　I0.1		
	SB_3　I0.2		
起动按钮	SB_4　I0.3		
	SB_5　I0.4		
	SB_6　I0.5		

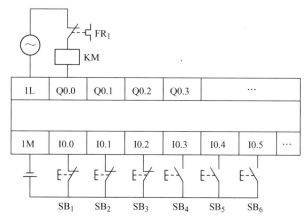

图 6-7　三地点控制 I/O 接线图

三地点控制梯形图如图 6-8 所示，当任一个起动按钮按下时，即 I0.3、I0.4、I0.5 任意一个为 1 时，输出 Q0.0 为 1，即接触器 KM 通电。当任一个停止按钮按下时，即 I0.0、I0.1、I0.2 任意一个为 1 时，输出 Q0.0 为 0，即接触器 KM 断电。

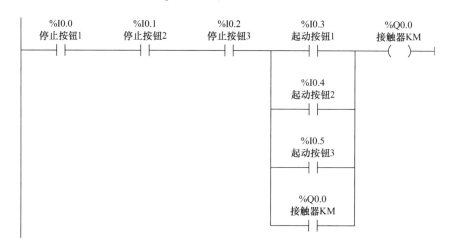

图 6-8　三地点控制梯形图

2. 电动机的正、反转控制程序

电动机的正、反转控制是常用的控制形式，输入信号设有停止按钮 SB_1、正向起动（正转）按钮 SB_2、反向起动（反转）按钮 SB_3，输出信号应设正、反转接触器 KM_1、KM_2，I/O 分配表见表 6-3，I/O 接线图如图 6-9 所示。

表 6-3　I/O 分配表

输 入 信 号		输 出 信 号	
停止按钮 SB_1	I0.0	正转接触器 KM_1	Q0.1
正转按钮 SB_2	I0.1	反转接触器 KM_2	Q0.2
反转按钮 SB_3	I0.2		

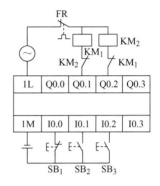

图 6-9　电动机正、反转 I/O 接线图

电动机可逆运行方向的切换是通过两个接触器 KM_1、KM_2 的切换来实现的。切换时要改变电源的相序。在设计程序时，必须防止由于电源换相所引起的短路事故，例如，由正向运转切换到反向运转时，当正转接触器 KM_1 断开时，由于其主触点内瞬时产生的电弧，使这个触点仍处于接通状态，如果这时使反转接触器 KM_2 闭合，就会使电源短路。因此必须在完全没有电弧的情况下才能使反转的接触器闭合。

由于 PLC 内部处理过程中，同一元件的常开、常闭触点的切换没有时间的延迟，因此必须采用防止电源短路的方法，图 6-10 所示梯形图中，采用定时器 T1、T2 分别作为正转、反转切换的延迟时间，从而防止了切换时发生电源短路故障。

3. 电动机星-三角形减压起动控制程序

电动机的起动与停止是最常见的控制，其中异步电动机的星-三角形减压起动控制方式尤为常见，通常需要设置起动按钮、停止按钮及接触器等电器。由图 2-9 可得 I/O 分配表见表 6-4，I/O 接线图如图 6-11 所示。

星-三角形减压起动梯形图如图 6-12 所示，按下起动按钮，I0.0 接通为 ON，Q0.0 接通为 ON 并形成自锁，Q0.1 接通为 ON，定时器 T1 开始计时，电源接触器闭合，接通电动机电源，星形接触器闭合，电动机星形联结起动。T1 定时器计时 8s 后，T1. Q 输出为 ON，Q0.1 输出为 OFF，Q0.2 输出为 ON，星形接触器断开，三角形接触器闭合，电动机三角形联结起动运行。按下停止按钮，I0.1 接通为 ON，常闭触点断开，

表 6-4　I/O 分配表

输 入 信 号		输 出 信 号	
停止按钮 SB_1	I0.1	电源接触器 KM_1	Q0.0
起动按钮 SB_2	I0.0	星形接触器 KM_2	Q0.1
		三角形接触器 KM_3	Q0.2

Q0.0 输出为 OFF，Q0.2 输出为 OFF，电源接触器、三角形接触器断开，电动机停止运行。

4. 数学运算指令

在实际的应用系统中，需要经常用到数学运算指令，本例通过一个简单的算式来编写程序，梯形图如图 6-13 所示，当 I0.0 接通为 ON 时，将 IW2 中的 INT 数据类型转换为 DINT 类型，然后乘以 10000 再除以 27648，将结果存放在 MD10 中。

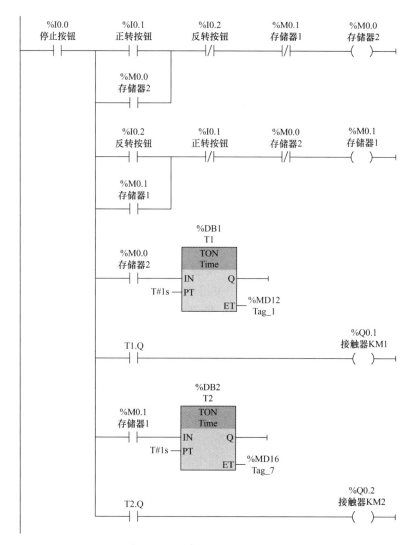

图 6-10　电动机正、反转梯形图

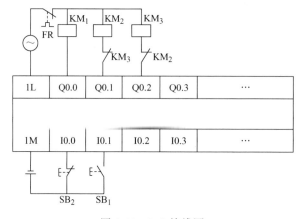

图 6-11　I/O 接线图

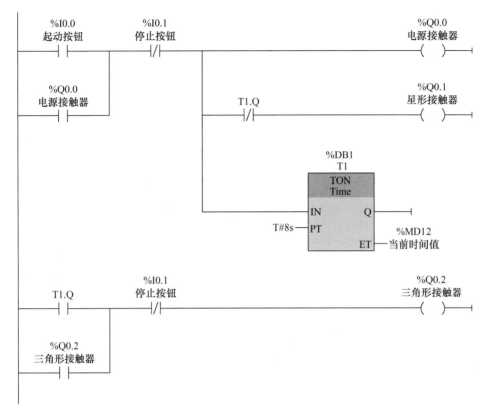

图 6-12　星-三角形减压起动梯形图

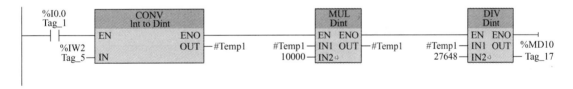

图 6-13　数学运算指令梯形图

5. 报警电路

报警是电气自动控制中不可缺少的重要环节，标准的报警功能应该是声光报警。当故障发生时，报警指示灯闪烁，报警电铃或蜂鸣器响。操作人员知道故障发生后，按消铃按钮，把电铃关掉，报警指示灯从闪烁变为长亮。故障消失后，报警灯熄灭。另外还应设置试灯、试铃按钮，用于平时检测报警指示灯和电铃的好坏。图 6-14、图 6-15 为标准报警电路梯形图、时序图，图中的 I/O 地址分配如下：输入信号 I0.0 为故障信号，I1.0 为消铃按钮，I1.1 为试灯、试铃按钮；输出信号 Q0.0 为报警灯，Q0.7 为报警电铃。

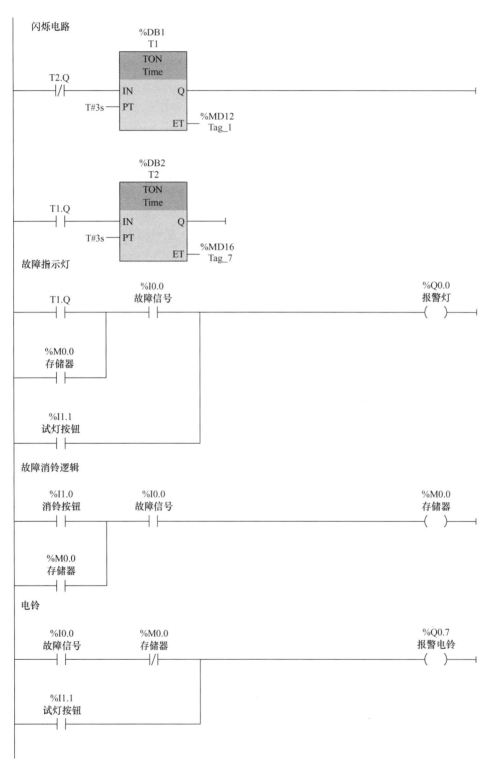

图 6-14　标准报警电路梯形图

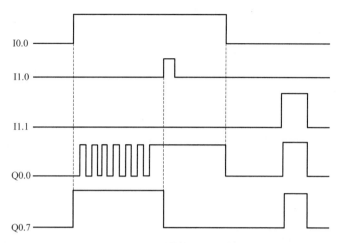

图 6-15　标准报警电路时序图

6.3　PLC 在工业控制中的应用

随着经济的发展和社会的进步，各种工业自动化不断升级，对于人员的素质要求也逐渐提高。在生产的第一线有着各种各样的自动加工系统，多种原材料混合加工是其中最为常见的一种。在炼油、化工、制药等行业中，多种液体混合是必不可少的工序，而且也是其生产过程中十分重要的组成部分。

在工艺加工初期，把多种液体原材料按一定比例混合到一起，一直都是由人来定量、定时搅拌而成，在整个生产工艺中存在较多不可控的人为因素和非人为因素，无法保证配料过程的准确性、稳定性、可靠性。而且，这些行业中多为易燃易爆、有毒有腐蚀性的介质，某些化工原料在不通风的环境下，人体吸入后，严重影响健康，以致现场工作环境十分恶劣，不适合人工现场操作。在后来多用继电器系统对顺序或逻辑的操作过程进行自动化操作，但是随着时代的发展，这些方式已经不能满足工业生产的实际需要。实际生产中需要更精确、更便捷的控制装置。为了提高产品质量，缩短生产周期，适应产品迅速更新换代的要求，产品生产正在向缩短生产周期、降低成本、提高生产质量等方向发展。另外，生产要求液体混合系统要具有混合精确、控制可靠等特点，这也是人工操作和半自动化控制所难以实现的。

随着科学技术的迅猛发展，自动控制技术在人类活动的各个领域中的应用越来越广泛，它的水平已成为衡量一个国家生产和科学技术先进与否的一项重要标志。因此采用可以实现多种液体混合的自动控制装置，从而达到液体混合的目的。控制装置利用可编程控制器实现在混合过程中精确控制，提高了液体混合比例的稳定性及运行稳定性，适合工业生产的需要。

可编程控制器液体自动混合系统是集成自动控制技术、计量技术、传感器技术等于一体的机电一体化装置。充分吸收了分散式控制系统和集中控制系统的优点，采用标准化、模块化、系统化设计，配置灵活、组态方便。

采用可编程控制器实现多种液体自动混合控制的特点：

1）系统自动工作，无需人工干预材料进入。

2）控制的单周期运行方式。

3）由系统送入设定的参数实现自动控制。

4）启动后就能自动完成一个周期的工作，并循环。

5）可编程控制器指令丰富，可以接各种输出、输入扩充设备。

本节利用可编程控制器实现多种液体自动混合装置的自动控制。以简单控制为例，如图 6-16 所示为三种液体混合装置，SQ_1、SQ_2、SQ_3、SQ_4 为液面传感器，液面淹没时接通，液体 A、B、C 与混合液 D 的阀门分别由电磁阀 YV_1、YV_2、YV_3、YV_4 控制，M 为搅拌电动机。

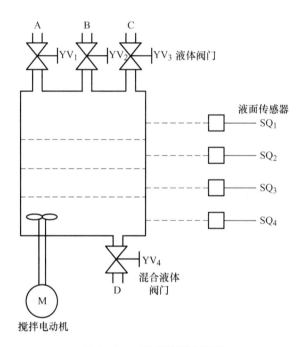

图 6-16　三种液体混合装置

1. 控制要求

（1）初始状态　装置投入运行时，液体 A、B、C 阀门关闭，混合液 D 阀门打开 20s，将容器放空后关闭。

（2）起动操作　按下起动按钮 SB_1，装置开始按下面给定规律运转：

1）液体 A 阀门打开，液体 A 流入容器。当液面达到 SQ_3 时，SQ_3 接通，关闭液体 A 阀门，打开液体 B 阀门。

2）当液面达到 SQ_2 时，关闭液体 B 阀门，打开液体 C 阀门。

3）当液面达到 SQ_1 时，关闭液体 C 阀门，搅拌电动机开始搅拌。

4）搅拌电动机工作 1min 后停止搅动，混合液体阀门打开，开始放出混合液体。

5）当液面下降到 SQ_4 时，SQ_4 由接通变断开，再过 20s 后，容器放空，混合液 D 阀门关闭。再次按下起动按钮，开始下一周期。

2. PLC 系统配置

控制系统完成对系统参数的检测、时间控制、阀门控制等功能；在整个液体自动混合过程中，系统需要控制与检测的变量有：5 个数字量输入（DI）和 5 个数字量输出（DO），I/O 分配表见表 6-5，I/O 接线图如图 6-17 所示。

表 6-5　I/O 分配表

输入信号		输出信号	
起动按钮 SB_1	I0.0	A 阀门	Q0.0
SQ_4	I0.1	B 阀门	Q0.1
SQ_3	I0.2	C 阀门	Q0.2
SQ_2	I0.3	混合阀门	Q0.3
SQ_1	I0.4	搅拌电机	Q0.4

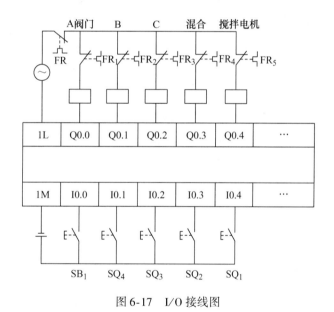

图 6-17　I/O 接线图

PLC 系统采用的是 S7－1200 PLC，其编程软件采用博图软件完成。

3. 控制实现及仿真

编程采用梯形图语言，完成上述功能的程序，梯形图如图 6-18 所示。仿真过程采用仿真软件，可模拟实际控制过程，根据状态监视表监视运行过程，仿真界面如图 6-19 所示。

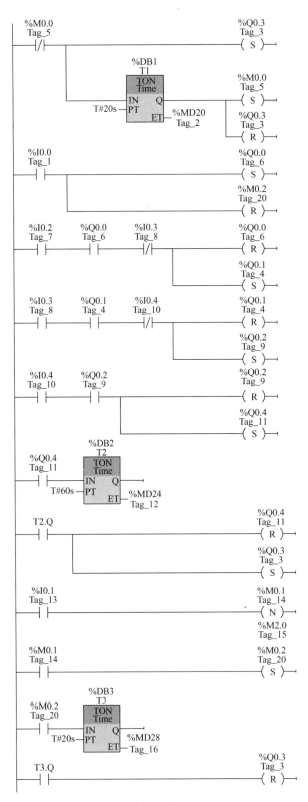

图 6-18　三种液体混合梯形图

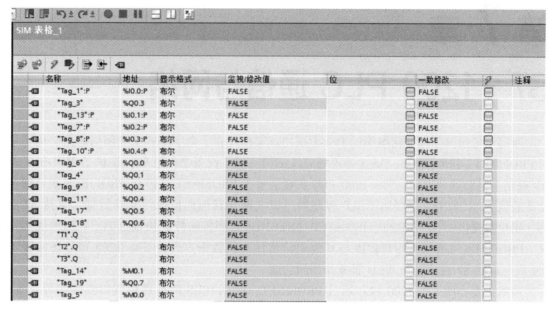

图 6-19 三种液体混合程序仿真界面

习题与思考题

1. 可编程控制系统设计时应遵循的原则是什么？

2. 用逻辑设计法设计 PLC 应用程序的一般步骤是什么？

3. 编写控制程序，使其满足图 6-20 所示的时序图功能。

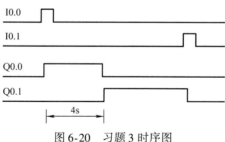

图 6-20 习题 3 时序图

4. 编写控制程序，满足：当 I0.0 有效时，T1 就会产生一个开通 5s、关断 3s 的闪烁信号，Q0.0 和 T1 一样开始闪烁。

5. 在照明电路里，有一种特别的控制电路，用两个开关控制一盏灯，但要求任何一个开关都可以随时控制灯的接通和熄灭，也就是所谓的"二控一电路"。编写相应的控制程序实现上述功能。

6. 假设电动机 M1 起动后，M2 才能起动，且 M2 能实现点动。写出 I/O 分配表，画出接线图，设计出程序。

第 **7** 章

S7 -1200 PLC 通信与网络

西门子按照国际标准化组织的 OSI 七层协议架构建立了金字塔式工业网络通信架构,采用 PROFINET、PROFIBUS、AS-i 等现场总线结构实现了设备之间互联,提供了 MODBUS 及 PtP 通信。借助这一架构,S7 - 1200 PLC 实现了基于 PROFINET 端口和 PROFIBUS 端口的多设备通信。PROFINET 主要用于用户程序通过以太网与其他通信伙伴交换数据,支持 S7 通信、用户数据报协议(UDP)、ISOonTCP(RFC1006)和传输控制协议(TCP)四种通信协议。PROFIBUS 主要用于用户程序与其他通信伙伴交换数据。另外 S7 - 1200 PLC 还实现了 OSI 高三层的 S7 通信以及 WEB 服务器访问功能。

本章主要介绍 S7 - 1200 PLC 通过 PROFINET、PROFIBUS 两种通信端口实现编程设备、用户操作界面(HMI)及其他 CPU 通信的方法和相关操作指令,并对 S7 通信、Web 服务器、点对点通信、AS-i 及 MODBUS 网络进行简单介绍。

本章的主要内容:

- PROFINET 实现设备连接的相关操作
- PROFIBUS 实现设备连接的相关操作
- WEB 服务器管理点对点通信、AS-i 及 MODBUS 网络的设备连接操作

核心是掌握通过 PROFINET 和 PROFIBUS 两种协议实现设备之间连接的方法,掌握连接相关实现指令,并最终完成设备之间的通信和调试。

7.1 S7 -1200 PLC 通信基础

7.1.1 通信协议

1979 年,国际化标准化组织(ISO)提出了开放系统互联模型(OSI),将其作为通信网络国际标准化参考模型。这个模型共包括七个分层,从下到上分别是物理层、数据链路层、网络层、传输层、会话层、表示层、应用层。物理层负责建立、维护、断开物理连接;数据链路层负责建立逻辑连接、进行硬件地址寻址、差错校验等功能;网络层负责进行逻辑地址寻址,实现不同网络之间的路径选择;传输层定义传输数据的协议端口号,以及字节流控制和差错校验;会话层负责建立、管理、终止会话;表示层进行数据的表示、安全、压缩;应用层则构建网络服务与最终用户的一个接口。七层模型的相互关系如图 7-1 所示。

尽管 OSI 七层参考模型在结构上非常完善,但具体到每一层的定义和功能实现而言则存在很大不足。1980 年,TCP/IP 协议研制成功,该协议可以在各种硬件和操作系统上实现互操作,逐渐成为网络通信中广泛应用的网络协议。对比该协议和 OSI 七层协议可以看出,

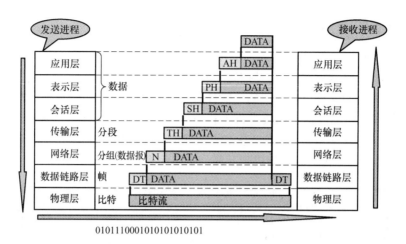

图 7-1　OSI 七层网络通信模型

TCP/IP 协议将 OSI 协议的上三层合并为一层，称为应用层，将下两层合并为一层，称为网络访问层，因此该协议又被称为四层协议。

目前 TCP/IP 协议应用层的主要协议实现有 Telnet、FTP、SMTP 等，传输层的主要协议实现有 UDP、TCP，网络层的主要协议实现有 ICMP、IP、IGMP，网络访问层主要协议有 ARP、RARP 等。

针对七层协议的下两层或四层协议的最下一层而言，物理连接最为重要。对此 IEEE（国际电工与电子工程师学会）于 1982 年颁布了一系列计算机局域网分层通信协议标准草案，总称为 IEEE802 标准，基本完善了这一层次的网络协议。

7.1.2　现场总线

现场总线（Field Bus）技术是实现现场级设备数字化通信的一种工业现场层网络通信技术。按照国际电工委员会 IEC61158 的定义，现场总线是"安装在过程区域的现场设备、仪表与控制室内的自动控制装置系统之间的一种串行、数字式、多点通信的数据总线"。也就是说，现场总线系统是以单个分散、数字化、智能化的测量和控制设备作为网络节点，用总线相连，实现信息的相互交换，使得不同网络、不同现场设备之间可以信息共享。

现场设备的各种运行参数、状态信息及故障信息等通过总线传输到远离现场的控制中心，而控制中心又可以将各种控制、维护、组态命令送往相关的设备，从而建立起具有自动控制功能的网络。

由于历史原因，世界上没有形成一致认可并执行的现场总线标准，因此目前在工业控制领域出现了多种现行标准并存的现状。当前现场总线标准主要有基金会现场总线（Foundation Fieldbus）、PROFIBUS（Process Field Bus，过程现场总线）、PROFINET（实时以太网）、LonWorks（Local Operating Network，局域操作网络）、CAN（Controller Area Network，控制器局域网络）等。一些主要的 PLC 厂家将现场总线作为 PLC 控制系统中的底层网络，西门子公司的 S7 –200 系列 PLC 在配备相应的通信模块后可以接入 PROFIBUS 网络和 AS-i 网络。S7 –1200 系列 PLC 中则直接配备有 PROFINET 网络、PROFIBUS 网络和 AS-i 网络三种端口，其中 PROFINET 网络功能最为强大，具有替代其他两种网络的趋势。

7.1.3 西门子的通信体系

西门子目前提供了一整套开放的、应用于不同控制级别工业环境的通信系统，统称为SIMATICNET。这些通信协议的架构是按照 OSI 七层参考模型架构来设计的，分别对网络通信物理传输介质、传输元件以及相关的传输计数、在物理介质上传输数据所需的协议和服务以及 PLC 及 PC 联网所需的通信模块进行了相应定义。按照体系结构，SIMATICNET 具有金字塔式结构（如图7-2 所示），顶层为基于国际标准 IEEE802.3 的开放式工业以太网，可以实现管理-控制网络一体化，能够集成到互联网上，为全球联网奠定了基础。

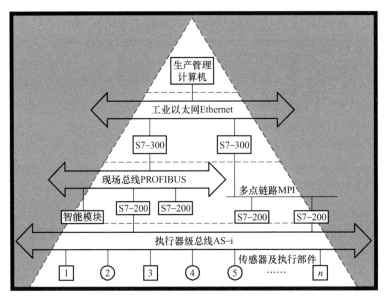

图 7-2 西门子金字塔式通信体系

S7－1200 PLC 的 CPU 中集成了一个 PROFINET 以太网接口，可以与编程计算机、人机界面（或称人机接口、HMI）和其他 S7 系列 PLC 通信，在中间层则采用 PROFIBUS 端口实现工业总线级通信。

7.2 PROFINET 通信

PROFINET 是由西门子公司和 PROFIBUS 用户协会联合开发的基于工业以太网的新型开放式通信标准，是一种真正的工业以太网，标准序号为 IEC61158/61784，也是西门子公司在后续产品开发中主推的网络标准。借助该标准，用户能够通过一根电缆实现自动化设备与标准以太网设备等多制造商产品之间的无缝连接，西门子也实现了统一的机器/工厂自动化网络，能够为不同制造商的自动化终端提供一致的端对端通信。

西门子前期产品经常使用 PROFIBUS、RS232 等接口，接口数量较多。借助 PROFINET通信标准，能够有效减少通信接口数量，同时实现从 PROFIBUS 解决方案到 PROFINET 之间的有效转换，增加了产品向上兼容性。

PROFINET 协议具有开放、灵活、高效和高性能四个特性。

1. 开放性

PROFINET 是一种开放式通信标准，其他设备制造商可以按照这一标准生产自己的产品，并且这些产品之间能够实现良好的通信和协作。

2. 灵活性

PROFINET 支持 TCP/IP 协议，可以借助集成 WEB 服务器等方式使用 WEB 技术进行设备的调试和诊断，简化相应工作。同时 PROFINET 还提供了远程维护解决方案及快速生产切换方案。由于 PROFINET 的工业以太网特点，使得符合该标准的设备都可以借助以太网线协同工作，能够方便地实现设备移除和增加，增加了工业通信的灵活性。

3. 高效

PROFINET 标准使得工业网络的设计、拓展成本大幅度降低，同时提高了工厂的安全性。协议具备的全面诊断和维护解决方案有助于将工厂停机时间缩短和维护成本降至最低。通过一根电缆实现的数据交互有效地减少了布线和培训成本，节省了系统开发和集成成本。借助该标准，网络设备的增加和减少管理可以实现控制器自动执行，大大降低了人力成本。

4. 高性能

PROFINET 标准可以实现确定性响应、微秒级硬实时能力和集成诊断功能，可与 OPCUA 等前沿标准完美协同，具有良好的通信性能。PROFINET 数据传输速率远高于传统现场总线，可在不影响 I/O 数据传输的情况下实现大数据量的无故障传输。配合西门子驱动技术，可为机器提供需要的速度以及最佳精度，可确保设备按照所需速度运行，同时还最大限度地提高数据传输精度。

采用 PROFINET，1 个 SIMATIC 控制器可以管理多达 512 台设备。借助分层控制器结构，PROFINET 也可轻松实现大型网络结构。通过以太网，PROFINET 通过外部交换机或集成接口可以实现系统设备和网络的冗余管理，还可以对不使用的单个设备或整个生产单元实现直接关闭功能，提高工业运行效率。

为了保持系统的继承性和兼容性，西门子在 S7 - 1200 PLC 系统中以 PROFINET 作为主要通信接口的同时，还保留了 PROFIBUS 接口。

7.2.1 本地/伙伴连接

本地/伙伴连接是 S7 - 1200 PLC 实现不同设备之间通信的主要手段，通过定义两个逻辑分配来建立通信服务，其中发起者为本地设备，被连接方为远程伙伴设备。建立逻辑分配时，需要对通信伙伴的主从关系进行定义，同时还需要通过通信伙伴属性来确定连接类型（例如，PLC、HMI 或设备连接）以及确定连接路径。

通信连接通过相关指令来实现设置和建立。连接建立之后，CPU 会自动保持和监视该连接。如果连接由于意外的原因发生终止（如断线），连接中的主动方将自动尝试重新建立组态的连接，并需要重新执行通信指令实现通信连接功能。

PROFINET 一共支持 TCP、UDP 和 ISOonTCP 三种通信协议，其中最常使用的是 TCP 协议。通过该协议，CPU 可以实现与其他 CPU、编程设备、HMI 设备和非西门子设备通信，如图 7-3 所示。S7 - 1200 PLC 产品中，只有部分 CPU 设置有以太网交换机，多数 CPU（如 1211C、1212C 和 1214C 等）则没有。对这些设备来说，如果网络中除编程设备、HMI 设备和非西门子设备外 CPU（特指 PLC 的 CPU 的主机或模块）数量超过 1 个，都需要通过外置以太网交换机来实现网络通信，除非网络系统中只有一个 CPU 或网络只是实现 2 个 CPU 间的连接。

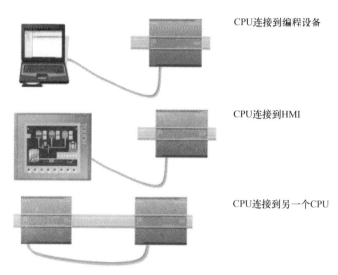

图 7-3　PROFINET 通过 TCP 协议的连接方式

7.2.2　PROFINET 指令

PROFINET 一共支持 TCP、UDP 和 ISOonTCP 三种以太网通信协议，其中 TCP（传输控制协议）是由 RFC793 描述的一种标准协议，主要用途是提供可靠、安全的连接服务。UDP（用户数据报协议）是由 RFC 768 描述的一种标准协议，能够提供应用程序之间的数据报传输，传输可靠性较低。ISOonTCP 是由 RFC1006 描述的一种标准协议，能够将 ISO 应用移植到 TCP/IP 网络的机制，可以实现与 TCP 之间的无缝连接。三种协议对比而言，TCP 协议应用最为广泛。在 PROFINET 中，针对不同协议设置了不同的控制指令，见表 7-1。通常，在 TCP 和 ISO- on-TCP 两种协议中，只接收指定长度的数据包，对于变长度的数据包则采取特殊模式。

表 7-1　PROFINET 针对三种以太网协议的指令

协议	用途示例	在接收区输入数据	通信指令	寻址类型
TCP	CPU 与 CPU 通信帧传输	特殊模式	仅 TRCV_C 和 TRCV	将端口号分配给本地（主动）和伙伴（被动）设备
		指定长度的数据接收	TSEND_C、TRCV_C、TCON、TDISCON、TSEND 和 TRCV	
ISOonTCP	CPU 与 CPU 通信消息的分割和重组	特定模式	仅 TRCV_C 和 TRCV	将 TSAP 分配给本地（主动）和伙伴（被动）设备
		协议控制	TSEND_C、TRCV_C、TCON、TDISCON、TSEND 和 TRCV	
UDP	CPU 与 CPU 通信用户程序通信	用户数据报协议	TUSEND 和 TURCV	将端口号分配给本地（主动）和伙伴（被动）设备，但不是专用链接

限于篇幅，本书仅对 TCP 协议的相关指令进行介绍，针对其他两种协议的指令可以参考相关资料。指令中的 TSEND_C、TRCV_C、TSEND 和 TRCV 指令均支持 TCP 和 ISOonTCP 两种以太网协议。

TCP 协议与设备硬件紧密相关，是一种高效的面向连接的通信协议，适合用于中等大小或较大的数据量（最多 8192 字节）。该协议具有错误恢复、字节流控制和可靠性自检等特性，能够实现对其他基于 TCP 的第三方系统广泛支持。PROFINET 中基于 TCP 的指令共有 6 个，分别用来建立连接、组态配置和数据传输。

1. 连接 ID

PROFINET 的网络连接中，需要对每一个连接设备设置具有唯一性的连接 ID。连接 ID 可以在连接建立指令中直接设定，也可以在组态配置时设定。连接 ID 需要满足以下三个条件：

1）连接 ID 对于 CPU 必须是唯一的，每个连接必须具有不同的 DB 和连接 ID。

2）本地 CPU 和伙伴 CPU 都可以对同一连接使用相同的连接 ID 编号，但连接 ID 编号不需要匹配。连接 ID 编号只与各 CPU 用户程序中的 PROFINET 指令相关。

3）CPU 的连接 ID 可以使用任何数字，但是，从"1"开始按顺序组态连接 ID 可以很容易地跟踪特定 CPU 使用的连接数。

在通信连接中，连接 ID 是针对每个连接而不是 CPU 设定的，因此针对同样的物理连接，可以采用灵活配置连接 ID 的方法实现不同的连接方式。例如对于两个相同 CPU 之间的网络通信，可以通过两个不同的连接 ID 实现两个单向数据通信，也可以通过一个连接 ID 实现一个双向数据通信，具体连接如图 7-4 所示。

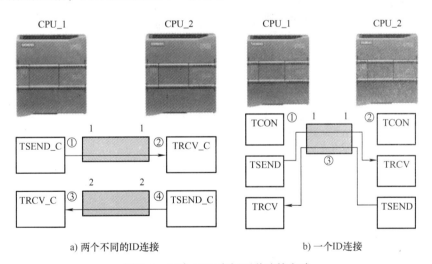

图 7-4　两个 CPU 之间两种连接方式

2. TCON、TDISCON、TSEND 和 TRCV 指令

这四个指令是 PROFINET 指令集的基本指令，分别完成建立连接、断开连接、数据发送和接收功能。TCON 在客户机与服务器 PC 之间建立 TCP/IP 连接，TDISCON 执行连接的断开功能，TSEND 和 TRCV 分别执行发送和接收数据操作。四个基本指令采取异步运行，因此作业处理需要多次执行指令来完成。指令状态分为 DONE（操作完成）、BUSY（运行中）

和 ERROR（错误）三种，用户可以根据状态反馈对指令进行分析和调试。

在四个指令具体执行过程中，首先由 TCON 在客户机与服务器 PC 之间建立 TCP/IP 连接，之后通过 TSEND 和 TRCV 实现数据发送和接收操作；当数据通信完成之后，通过 TDIS-CON 指令来断开连接。

在数据传输过程中，传送（TSEND）或接收（TRCV）数据量最小为 1 字节，最大 8192 字节，数据格式不支持布尔位置信号。

（1）TCON 和 TDISCON 指令　PROFINET 中的网络连接由 TCON 指令开始，至 TDISCON 结束。如果想要建立通信连接，两个通信伙伴都需要执行 TCON 指令来设置和建立通信连接，并设置出主动和被动地位。连接成功后，CPU 自动保持和监视该连接，如发生意外导致连接中断，主动方将尝试重新建立连接。执行 TDISCON 指令或 CPU 切换到 STOP 模式后，会终止现有连接并删除所设置的连接。两个指令具体见表 7-2。

表 7-2　TCON 和 TDISCON 指令

指令图标	指令功能	数据类型	备注
TCON_DB TCON TCON_Param EN　ENO REQ　DONE ID　BUSY CONNECT　ERROR STATUS	TCON（连接）：在 TCP 和 ISOonTCP 中，TCON 启动从 CPU 到通信伙伴的通信连接。插入 TCON 指令之后，可使用该指令的"属性"（Properties）来组态通信参数。在巡视窗口为通信伙伴输入参数时，STEP7 会在指令的背景数据块中输入相应数据	• REQ：Bool • ID：CONN_OUC（Word） • CONNECT：TCON_Param • DONE：Bool • BUSY：Bool • ERROR：Bool • STATUS：Word	两个通信伙伴都执行 TCON 指令来设置和建立通信连接。用户使用参数指定主动和被动通信端点伙伴。设置并建立连接后，CPU 会自动保持和监视该连接
TDISCON_DB TDISCON EN　ENO REQ　DONE ID　BUSY ERROR STATUS	TDISCON（断开）：在 TCP 和 ISOonTCP 中，TDISCON 终止从 CPU 到通信伙伴的通信连接。如果连接意外终止（例如，因断线或远程通信伙伴原因），主动伙伴将尝试重新建立组态的连接，不必再次执行 TCON		执行 TDISCON 指令或 CPU 切换到 STOP 模式后，会终止现有连接并删除所设置的连接。要设置和重新建立连接，必须再次执行 TCON

（2）TSEND 和 TRCV 指令　TSEND 指令和 TRCV 指令分别实现数据发送和接收，具体情况见表 7-3。TSEND 指令需要通过 REQ 输入参数的上升沿来启动发送作业。TRCV 指令将收到的数据写入特定接收区，接收区通过指向区域起始位置的指针或区域长度、LEN 上提供的值来确定。

表 7-3　TSEND 和 TRCV 指令

指 令 图 标	指 令 功 能	数 据 类 型	备　注
TSEND_DB1 **TSEND** UInt to Variant EN　　ENO REQ　　DONE ID　　BUSY LEN　　ERROR DATA　　STATUS	TSEND（数据发送）：在 TCP 和 ISOonTCP 中，TSEND 通过从 CPU 到伙伴站的通信连接发送数据。STEP7 会在插入指令时自动创建 DB	• REQ：Bool • EN_R：Bool • ID：CONN_OUC（Word） • LEN：UInt • DATA：Variant • DONE：Bool • NDR：Bool • BUSY：Bool • ERROR：Bool • STATUS：Word • RCVD_LEN：Int	TSEND 指令需要通过 REQ 输入参数的上升沿来启动发送作业。然后，BUSY 参数在处理期间会设置为 1。发送作业完成时，将通过 DONE 或 ERROR 参数被设置为 1 并持续一个扫描周期进行指示。在此期间，将忽略 REQ 输入参数的上升沿
TRCV_DB **TRCV** UInt to Variant EN　　ENO EN_R　　NDR ID　　BUSY LEN　　ERROR DATA　　STATUS 　　RCVD_LEN	TRCV（数据接收）：在 TCP 和 ISOonTCP 中，TRCV 通过从伙伴站到 CPU 的通信连接接收数据。TRCV 指令将收到的数据写入到通过以下两个变量指定的接收区： • 指向区域起始位置的指针 • 如果不为 0 则为区域长度或 LEN 上提供的值		LEN 参数的默认设置（LEN =0）使用 DATA 参数来确定要传送的数据的长度。确保 TSEND 指令传送的 DATA 的大小与 TRCV 指令的 DATA 参数的大小相同。接收所有作业数据后，TRCV 会立即将其传送到接收区并将 NDR 设置为 1

3. TSEND_C 和 TRCV_C 指令

TSEND_C 和 TRCV_C 是为了简化 PROFINET/以太网通信编程而设定的两个指令，兼容了 TCON、TDISCON、TSEND 和 TRCV 四个指令的功能。其中 TSEND_C 兼具 TCON、TDISCON 和 TSEND 指令的功能。TRCVC 兼具 TCON、TDISCON 和 TRCV 指令的功能。两个指令具体情况见表 7-4。

表 7-4　TSEND_C 和 TRCV_C 指令

指 令 图 标	指 令 功 能	数 据 类 型	备　注
TSEND_C_DB **TSEND_C** EN　　ENO REQ　　DONE CONT　　BUSY LEN　　ERROR CONNECT　　STATUS DATA COM_RST	TSEND_C 可与伙伴站建立 TCP 或 ISOonTCP 通信连接、发送数据，并且可以终止该连接。设置并建立连接后，CPU 会自动保持和监视该连接	• REQ：Bool • EN_R：Bool • CONT：Bool • LEN：UInt • DATA：Variant • COM_RST：Bool • BUSY：Bool • ERROR：Bool • STATUS：Word • RCVD_LEN：Int	TTSEND_C 指令需要通过 REQ 输入参数的上升沿来启动发送作业。然后，BUSY 参数在处理期间会设置为 1。发送作业完成时，将通过 DONE 或 ERROR 参数被设置为 1 并持续一个扫描周期进行指示。在此期间，将忽略 REQ 输入参数的上升沿
TRCV_C_DB **TRCV_C** EN　　ENO EN_R　　DONE CONT　　BUSY LEN　　ERROR CONNECT　　STATUS DATA　　RCVD_LEN COM_RST	TRCV_C 可与伙伴 CPU 建立 TCP 或 ISOonTCP 通信连接，可接收数据，并且可以终止该连接。设置并建立连接后，CPU 会自动保持和监视该连接		LEN 参数的默认设置（LEN = 0）使用 DATA 参数来确定要传送的数据的长度。确保 TSEND_C 指令传送的 DATA 的大小与 TRCV_C 指令的 DATA 参数的大小相同

执行 TSEND_C 或 TRCV_C 两个指令时，可使用指令的"属性"栏来实现通信参数的组态，如图 7-5 所示。

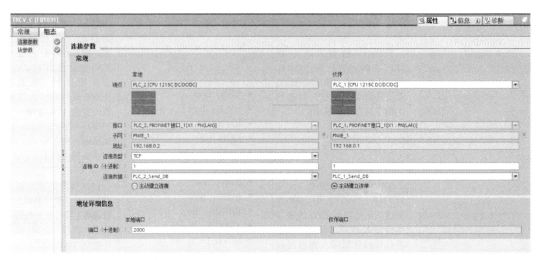

图 7-5　TRCV_C 指令的属性组态界面

与 TSEND 指令相同，TSEND_C 指令也需要通过 REQ 参数上升沿来启动发送作业。

（1）TSEND_C 指令操作

1）在 CONT = 1 时执行 TSEND_C，建立网络连接，成功建立连接后，将 DONE 参数置位一个周期。

2）在 CONT = 0 时执行 TSEND_C，可以断开网络连接。

3）要通过已有连接发送数据，需要在 REQ 上升沿执行 TSEND_C。

4）要建立连接并发送数据，需要在 CONT = 1 且 REQ = 1 时执行 TSEND_C。

（2）TRCV_C 指令操作

1）在参数 CONT = 1 时执行 TRCV_C，可以建立连接。

2）在参数 EN_R = 1 时执行 TRCV_C，可以接收数据。参数 EN_R = 1 且 CONT = 1 时，TRCV_C，连续接收数据。

3）在参数 CONT = 0 时执行 TRCV_C，可以切断连接。

使用 TCP 或 ISOonTCP 协议时，用户通过将"65535"分配给 LEN 参数来设置特殊模式，此时接收区与 DATA 构成的区域相同，接收数据的长度将输出到参数 RCVD_LEN 中。被动方接收数据块后，TRCV 会立即将数据写入接收区并将 NDR 设置为 1。如果将数据存储在"优化"DB（仅符号访问）中，则只能接收数据类型为 Byte、Char、USInt 和 SInt 的数据。

在 S7 – 300/400 PLC 的 STEP7 项目中，可以通过将"0"分配给 LEN 参数来选择"特殊模式"。如果将包含"特殊模式"的 S7 – 300/400 STEP7 项目导入 S7 – 1200 PLC 中，则必须将 LEN 参数更改为"65535"而非"0"。

7.2.3　与编程设备连接

S7 的 CPU 和编程设备之间的通信是程序编写和调试的重要基础，对 PLC 来说非常重要。在建立这种通信连接方式时，首先需要采用硬件配置或组态方式实现硬件通信连接，其次需要考虑如何构建网络拓扑。如果配置多个设备（大于两个）时，通信网络需要借助以太网交换机实现网络连接。

1. 硬件连接与配置

PROFINET 接口可在编程设备和 CPU 之间建立物理连接。由于 CPU 内置了自动跨接功能，所以对该接口既可以使用标准以太网电缆，又可以使用跨接以太网电缆。在创建硬件连接时，首先确保硬件安装完好，尤其是 CPU 安装到位，之后将以太网电缆插入 PROFINET 端口中，最后将以太网电缆连接到编程设备上。完成实体硬件连接之后，需要在 STEP 系统中通过硬件组态来确认这种硬件连接。

如果已使用 CPU 创建项目，则在 STEP7 中打开项目。如果没有，则需要创建项目并插入 CPU。

2. 分配 IP 地址

在 PROFINET 网络中，每个设备必须具有一个 Internet 协议（IP）地址。该地址使设备可以在复杂的路由网络中进行数据传送。通信中 IP 地址设置方案根据设备属性和网络而不同，如果有独立的上网设备，则固定设置 IP 地址，否则采取在线分配 IP 地址的方法来确定地址。

例如，编程设备使用板载适配器卡连接到网络，CPU 与适配器卡的 IP 地址网络 ID 和子网掩码必须完全相同。其中网络 ID 指的是 IP 地址的第一部分（前三个八位位组），它决定用户所在的 IP 网络。子网掩码通常为 255.255.255.0。如果系统处于工厂 LAN 中，子网掩码也可以使用不同的值（例如，255.255.254.0）以设置唯一的子网。子网掩码通过与设备 IP 地址进行数学 AND 运算来确定 IP 子网的边界。

3. 网络测试

完成组态后，必须将项目下载到 CPU 中进行测试和通信。下载项目时会对所有 IP 地址进行组态，"下载到设备"功能及"扩展的下载到设备"对话框可以显示所有可访问的网络设备，以及是否为所有设备都分配了唯一的 IP 地址。通过下载操作，可以完成 PROFINET 网络的测试任务。

7.2.4 PLC 到 PLC 通信

两个 PLC 的 CPU 之间的通信是 S7 通信网络的重要组成部分。借助这一功能，可以实现 PLC 的性能拓展，通过不同 PLC 之间的功能协作，完成更加复杂的控制和通信功能。

这种通信功能需要借助 TSEND_C 和 TRCV_C 指令实现，由主动 PLC 发起通信请求，被动 PLC 同意连接要求之后建立连接。要实现这种通信，需要保持硬件连接正确、CPU 支持读写功能、网络连接正确。

通信功能组态共分为以下六步：

（1）建立硬件通信连接　通过 PROFINET 硬件接口建立两个 CPU 之间的物理连接。连接介质可以使用标准以太网电缆，也可以使用跨接以太网电缆，不需要以太网交换机。

（2）配置设备　配置设备必须组态项目中的两个 CPU。组态操作与上一节中的硬件配置操作相同。

（3）组态两个 CPU 之间的逻辑网络连接　在"设备和网络"界面中，使用"网络视图"创建项目中各设备之间的网络连接，并确定连接类型。

（4）在项目中组态 IP 地址　在网络组态过程中，一定要为两个 CPU 组态一个网络中唯一的 IP 地址，以实现以太网络通信和识别。

（5）组态传送（发送）和接收参数　要实现数据的发送和接收，需要在两个 CPU 中组态 TSEND_C 和 TRCV_C 指令。

（6）测试 PROFINET 网络　下载程序到 CPU 中，完成网络测试。测试方法与上一节相同。

7.2.5　分布式 I/O 指令

对于 S7－1200 PLC 的 PROFINET 及 PROFIBUS 等网络而言，可以使用分布式 I/O 指令实现网络数据的读入/读出和数据检查。这些 I/O 指令中，RDREC 和 WRREC 指令实现数据的读取和写入，RALRM 指令处理与中断相关的信息，DPRD_DAT 和 DPWR_DAT 指令实现超过 64 个字节的一致性数据的读取和写入。这五个指令的具体情况见表 7-5 ~ 表 7-7。指令的状态参数与前面介绍的 TRCV_C 等指令信息基本一致。

表 7-5　RDREC 和 WRREC 指令

指令图标	指令功能	数据类型	备　注
RDREC_DB RDREC Variant EN　　　ENO REQ　　VALID ID　　　BUSY INDEX　ERROR MLEN　STATUS RECORD　LEN	RDREC（读取记录）：从通过 ID 寻址的组件（如中央机架或分布式组件（PROFIBUSDP 或 PROFINET I/O））读取编号为 INDEX 的数据记录。在 MLEN 中分配要读取的最大字节数。目标区域 RECORD 的选定长度至少应该为 MLEN 个字节	• REQ：Bool • ID：HW_IO（Word） • INDEX：Byte、Word、USInt、UInt、SInt、Int、DInt • MLEN：Byte、USInt、UInt • VALID：Bool • DONE：Bool • BUSY：Bool • ERROR：Bool • STATUS：DWord • LEN：UInt • RECORD：Variant	RDREC 和 WRREC 指令以异步方式运行，即，处理过程跨越多个指令调用。以 REQ = 1 调用 RDREC 或 WRREC 来启动作业 通过输出参数 BUSY 和 STATUS 的两个中间字节显示作业状态。输出参数 BUSY 的值为 FALSE 时，说明数据记录的传送完成 输出参数 VALID（RDREC）或 DONE（WRREC）为 TRUE 时（只持续一个扫描周期），表示数据记录已成功传送到目标区域 RECORD（RDREC）或目标设备（WRREC）。使用 RDREC 时，输出参数 LEN 包含所获取数据的长度（字节）
WRREC_DB WRREC UInt to DInt EN　　　ENO REQ　　DONE ID　　　BUSY INDEX　ERROR LEN　STATUS RECORD	WRREC（写入记录）：将记录号为 INDEX 的数据 RECORD 传送到通过 ID 寻址的 DP 从站/PROFINET I/O 设备组件，如中央机架上的模块或分布式组件（PROFIBUSDP 或 PROFINET I/O）。分配要传送的数据记录的字节长度。因此，源区域 RECORD 的选定长度至少应该为 LEN 个字节		

表 7-6 RALRM 指令

指 令 图 标	指 令 功 能	数 据 类 型	备 注
RALRM_DB RALRM EN ENO MODE NEW F_ID STATUS MLEN ID TINFO LEN AINFO	RALRM（读取报警）：从 PROFIBUS 或 PROFINET I/O 模块（设备）读取诊断中断信息。 输出参数中的信息包含被调用 OB 的启动信息以及中断源的信息 在中断 OB 中调用 RALRM，可返回导致中断的事件的相关信息。在 S7 –1200 PLC 中，仅支持诊断中断（OB82）	• MODE：Byte、USInt、SInt、Int • F_ID：HW_IO（Word） • MLEN：Byte、USInt、UInt • NEW：Bool • STATUS：DWord • ID：HW_IO（Word） • LEN：DWord、UInt、UDInt、DInt、Real、LReal • TINFO：Variant • AINFO：Variant	在不同的 OB 中调用 "RALRM" 时，务必要使用不同的背景数据块。如果评估在关联中断 OB 外部调用 "RALRM" 得出的数据，则应对每个 OB 启动事件单独使用一个数据块

表 7-7 DPRD_DAT 和 DPWR_DAT 指令

指 令 图 标	指 令 功 能	数 据 类 型	备 注
DPRD_DAT EN ENO LADDR RET_VAL RECORD	DPRD_DAT（读取一致性数据）：可读取 DP 标准从站或 PROFINET I/O 设备的一致性数据。如果数据传送过程中未出错，则已读取的数据将被输入到通过 RECORD 参数设置的目标区域中。目标区域的长度必须与通过 STEP7 为所选模块组态的长度相同。调用 DPRD_DAT 指令时，只能访问已组态的起始地址下的一个模块或 DP 标识符的数据	• LADDR：HW_IO（Word） • RECORD：Variant • RET_VAL：Int	如果从具有模块化设计或具有多个 DP 标识符的 DP 标准从站读取数据，则通过指定组态的起始地址，每次 DPRD_DAT 调用只能访问一个模块或 DP 标识符的数据
DPWR_DAT EN ENO LADDR RET_VAL RECORD	DPWR_DAT（写入一致性数据）：可将 RECORD 中的数据一致性地传送到已寻址的 DP 标准从站或 PROFINET I/O 设备。源区域的长度必须与通过 STEP7 为所选模块组态的长度相同		数据以同步方式传送，即指令完成时写入过程即完成。如果 DP 标准从站具有模块化设计，则只能访问 DP 从站的一个模块

7.3 PROFIBUS 通信

PROFIBUS 是由 13 家工业企业和 5 家科研机构在德国联邦研技部的资助下完成的生产过程现场总线标准规范，自 1987 年起被批准为德国标准，1996 年被批准为欧洲现场总线标准组成部分之一。

PROFIBUS 分为 PROFIBUS-DP、PROFIBUS-PA、PROFIBUS-FMS 三个兼容版本，其中 PROFIBUS-DP 总线主要应用于高速设备分散控制或自动化控制，特别适用于可编程控制器与现场级分散 I/O 设备之间的通信；PROFIBUS-PA 总线主要面向过程自动化设计；PROFI-BUS-FMS 总线面向车间级通用性通信任务，可以提供大量通信服务、完成中等传输速率的循环与非循环通信任务。三个版本中，PROFIBUS-DP 在工业的应用最为广泛，该协议支持绝大多数硬件设备，S7 - 1200 PLC 中的 PROFIBUS 指的就是 PROFIBUS-DP。

S7 - 1200 CPU 固件从 V2.0 开始、组态软件 STEP7 从 V11.0 开始，就实现了对 PROFI-BUS-DP 通信的支持。对应的 S7 - 1200 PLC 支持模块主要有 CM1243 - 5DP 主站模块和 CM1242 - 5DP 从站模块两种，地址范围从 0～127，实际有效地址为 2～125。采取这种通信方式，传输速率可以从 9.6kbit/s 上升到 12Mbit/s。

PROFIBUS 系统采用了主从式网络结构，总线主站来轮询 RS485 串行总线上以多点方式分布的从站设备。主站属于主动站，具有发起通信、处理数据和实现控制的功能，分为两类。第一类主站主要用于处理与分配给它的从站之间的常规通信或数据交换，通常是中央可编程控制器或运行特殊软件的 PC；第二类主站主要用于调试从站和诊断的特殊设备，通常是具有调试、维护或诊断等组态功能的计算机。

PROFIBUS 从站可以是任何处理信息并将其输出发送到主站的外围设备（如 I/O 传感器、阀、电机驱动器或其他测量设备）。从站设备没有总线访问权限，属于被动站，只能确认接收到的消息或根据请求将响应消息发送给主站，各从站优先级相同。

S7 - 1200 PLC 可通过 CM1242 - 5 通信模块作为从站连接到 PROFIBUS 网络，也可通过 CM1243 - 5 通信模块作为主站连接到网络。如果 PLC 同时安装了 CM1242 - 5 模块和 CM1243 - 5 模块，则可同时充当更高级 DP 主站系统的从站和更低级 DP 从站系统的主站。图 7-6 显示了 S7 - 1200 PLC 在 PROFIBUS 中的通信结构，其中图 7-6a 中 S7 - 1200 是 S7 - 300 控制器 DP 的从站，图 7-6b 中 S7 - 1200 是控制 ET200 DP 从站的主站，图 7-6c 中 S7 - 1200 既是高级主站 S7 - 300 控制器 DP 的从站，又是控制下级 ET200 DP 从站的主站。

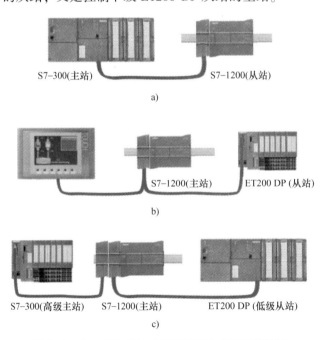

图 7-6 S7 - 1200 PLC 在 PROFIBUS 中的通信结构

7.3.1 PROFIBUS 通信模块

如前所述，S7 - 1200 PLC 的 PROFIBUS 通信模块包括 CM1243 - 5DP 主站模块和 CM1242 - 5DP 从站模块两种，这两个通信模块执行的是 PROFIBUS DP - V1 协议，支持周期性数据通信。除此以外，CM1243 - 5DP 还支持非周期性通信和 S7 通信。两个通信模块可以与不同的 DP - V0/V1 主站/从站通信伙伴进行数据通信。其中 CM1243 - 5 支持 SIMATIC S7 - 1200、S7 - 300、S7 - 400、S7 等模块化嵌入式控制器、DP 主站模块和分布式 I/O SIMATIC ET200、SIMATIC PC 站、SI-MATIC NETIE/PBLink 以及其他各家供应商提供的可编程控制器，CM1242 - 5 支持分布式 I/O SIMATIC ET200、配备 CM1242 - 5 的 S7 - 1200 CPU、带有 PROFIBUS DP 模块 EM277 的 S7 - 200 CPU、SINAMICS 变频器、各家供应商提供的驱动器和执行器、各家供应商提供的传感器、具有 PROFIBUS 接口的 S7 - 300/400 CPU、配备 PROFIBUS CP（例如 CP342 - 5）的 S7 - 300/400 CPU 和 SIMATIC PC 站等。图 7-7 给出了 CM1242 - 5 用作 PROFIBUS 从站的组态示例，图 7-8 给出了 CM1243 - 5 用作 PROFIBUS 主站的组态示例。

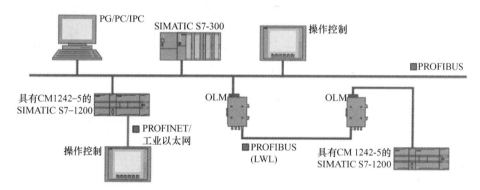

图 7-7   CM1242 - 5 用作 PROFIBUS 从站

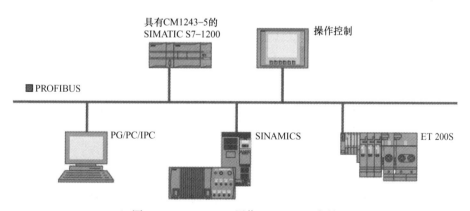

图 7-8   CM1243 - 5 用作 PROFIBUS 主站

7.3.2 配置 DP 主站和从站设备

要想建立 PROFIBUS 通信，首先需要对通信网络进行组态。在完成通信主站和从站的添加和配置之后，建立逻辑网络连接，最后给通信中的设备分配网络唯一地址。具体步骤如下。

1. 添加 CM1243 – 5 （DP 主站） 模块和 DP 从站

通信中装备 CM1243 – 5 模块的设备作为主站，负责发起网络通信，因此整个组态过程需要首先添加 DP 主站，之后再添加与之对应的从站。两种添加操作都需要在"设备和网络"中的硬件目录向 CPU 添加。模块列表在 CPU 左侧，在硬件目录中选择模块，然后双击该模块或将其拖到高亮显示的插槽中即可将其添加到 CPU。表7-8 显示了如何添加 CM1243 – 5 模块，表 7-9 显示了如何添加 ET200S DP 从站。

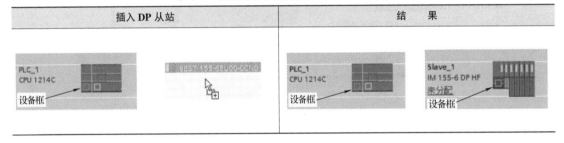

表7-8　将 PROFIBUS CM1243 – 5 （DP 主站） 模块添加到设备组态

表7-9　向设备组态添加 ET200S DP 从站

2. 组态设备逻辑网络连接

建立网络连接之后，需要在"设备和网络"中"网络视图"功能中执行逻辑网络连接组态，以创建项目中各设备之间的网络连接。要创建 PROFIBUS 连接，需要选择第一台设备上的设备框（如表7-8、表7-9 中箭头所示，实际操作界面中为紫色框），通过拖拽连线以连接到第二台设备上。

3. 分配 PROFIBUS 地址

完成网络组态之后，需要在 PROFIBUS 的"属性"选项卡中对主站和从站接口的参数进行调整。在通信控制模块的紫色 PROFIBUS 框中进行参数操作，在该框图巡视窗口的"属性"选项卡中可以查看相应接口。在完成主从站的组态之后，需要为每台设备分配一个网络中唯一的 PROFIBUS 地址。原则上说，地址范围为 0 ~ 127 之间，但实际上地址 0、1、126 和 127 都属于西门子的预留地址，通常情况下不可使用，因此，可用地址的范围是 2 ~ 125。如图 7-9 所示，设备地址设定在"属性"窗口中的"PROFIBUS 地址"组态条目中进行设定。

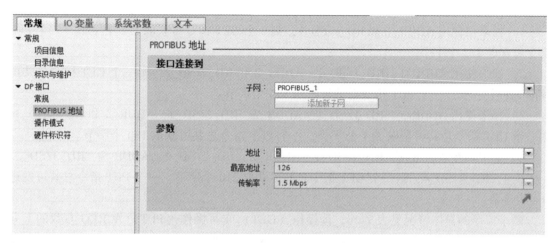

图 7-9　设备地址组态界面

7.4　S7 通信

　　S7 通信协议是西门子 S7 系列 PLC 内部集成的一种专有通信协议，是西门子 S7 通信协议簇里的一部分。该协议运行在传输层之上，数据格式和控制操作经过西门子的特殊优化，可实现基于 MPI 网络、PROFIBUS 网络或者以太网的数据传输。该通信协议的规则被封装在 TPKT 和 ISO-COTP 协议中，这使得协议数据单元（PDU）能够通过 TCP 实现数据传送。协议主要用于 PLC 编程、PLC 之间交换数据及从 SCADA（数据监控和采集系统）访问 PLC 数据并进行诊断。

　　从结构来看，S7 以太网协议对应于 OSI 七层模型的上三层，即 5 层链路层、6 层表示层和 7 层应用层，1 ~ 4 层由其他以太网协议（如 PROFIBUS 和 PROFINET）提供支撑。本书主要针对 PROFINET 支持的 S7 通信进行讲解。

　　从工作原理上说，S7 通信支持两种方式，即基于客户端（Client）/服务器（Server）的单边通信和基于伙伴（Partner）/伙伴（Partner）的双边通信。目前 S7 – 1200 PLC 的 PROFINET 端口同时支持两种通信方式。对于 C/S 通信模式，只需要在客户端一侧进行配置和编程，服务器一侧只需要准备好需要被访问的数据，不需要任何编程操作。S7 通信协议中，客户端进行操作使用的指令包括 GET 和 PUT，其中 GET 指令执行数据读取，PUT 指令执行数据存储。

7.4.1　GET 和 PUT 指令

　　GET 和 PUT 指令是 S7 通信的两个重要指令，通过这两个指令可以实现 CPU 之间的通信。通过 ADDR_x 端口，两个指令可以通过绝对地址访问远程 CPU 和标准 DB 中的数据，也可以使用绝对地址或符号地址分别作为 GET 或 PUT 指令的 RD_x 或 SD_x 输入字段的输入。但是 S7 – 1200 PLC 的 CPU 不能访问远程 S7 – 1200 CPU 的优化 DB 中的 DB 变量。

　　通过 GET 指令可接收的字节总数或者通过 PUT 指令可发送的字节总数有一定的限制，具体取决于四个可用地址和存储区数量，各个地址和存储区参数的字节数之和必须小于等于定义的限值。

1）如果仅使用 ADDR_1 和 RD_1/SD_1，则一个 GET 指令可获取 222 个字节，一个 PUT 指令可发送 212 个字节。

2）如果使用 ADDR_1、RD_1/SD_1、ADDR_2 和 RD_2/SD_2，则一个 GET 指令总共可获取 218 个字节，一个 PUT 指令总共可发送 196 个字节。

3）如果使用 ADDR_1、RD_1/SD_1、ADDR_2、RD_2/SD_2、ADDR_3 和 RD_3/SD_3，则一个 GET 指令总共可获取 214 个字节，一个 PUT 指令总共可获取 180 个字节。

4）如果使用 ADDR_1、RD_1/SD_1、ADDR_2、RD_2/SD_2、ADDR_3、RD_3/SD_3、ADDR_4、RD_4/SD_4，则一个 GET 指令总共可获取 210 个字节，一个 PUT 指令总共可发送 164 个字节。

两个指令的具体情况见表 7-10。读操作（GET）或写操作（PUT）在 REQ 参数的上升沿出现时实现 ID、ADDR_1 和 RD_1（GET）或 SD_1（PUT）参数的装载操作。

表 7-10　GET 和 PUT 指令

指令图标	指令功能	数据类型	备　注
GET_SFB_DB_1 GET Remote–Variant EN　　　　ENO REQ　　　　NDR ID　　　　ERROR ADDR_1　　STATUS ADDR_2 ADDR_3 ADDR_4 RD_1 RD_2 RD_3 RD_4	GET（读取数据）：从远程 S7－1200 CPU 中读取数据。远程 CPU 可处于 RUN 或 STOP 模式下 STEP7 会在插入指令时自动创建该 DB	• REQ：Bool • ID：CONN_PRG（Word） • NDR：Bool • DONE：Bool • ERROR：Bool • STATUS：Word • ADDR_1 ~ ADDR_4：Bool • RD_1 ~ RD_4：Varian • SD_1 ~ SD_4：Varian	必须确保 ADDR_x（远程 CPU）与 RD_x 或 SD_x（本地 CPU）参数的长度（字节数）和数据类型相匹配。标识符"Byte"之后的数字是 ADDR_x、RD_x 或 SD_x 参数引用的字节数，如绝对地址：P # DB10. DBX5. 0Byte10
PUT_SFB_DB PUT Remote–Variant EN　　　　ENO REQ　　　　DONE ID　　　　ERROR ADDR_1　　STATUS ADDR_2 ADDR_3 ADDR_4 SD_1 SD_2 SD_3 SD_4	PUT（发送数据）：将数据写入远程 S7－1200 CPU。远程 CPU 可处于 RUN 或 STOP 模式下 STEP7 会在插入指令时自动创建该 DB		

对于 GET 指令，从下次扫描开始接收数据。远程 CPU 会将请求的数据返回接收区（RD_x）。当读操作顺利完成时，NDR 参数设置为 1。只有在前一个 GET 操作完成之后，新的 GET 操作才能开始。

对于 PUT 指令，本地 CPU 开始将数据（SD_x）发送到远程 CPU 中的存储位置（ADDR_x）。写操作顺利完成后，远程 CPU 返回执行确认，PUT 指令的 DONE 参数设置为 1。与 GET 指令一样，PUT 指令每次只能执行一个操作。

7.4.2　组态两台设备间的本地/伙伴连接

要想实现 S7 通信，首先仍然是需要创建通信连接，之后控制器将设置、建立并自动监视该连接。

建立连接的操作在"设备和网络"的"网络视图"界面下实现，可以将各设备之间进行网络互联。首先，在"连接"选项卡中确定连接类型为 S7 连接，之后连接两个设备的 PROFINET 框创建 PROFINET 连接，然后则需要在通信指令的"属性"组态对话框中确定通信参数，最后需要在"连接参数"对话框的"地址详细信息"中定义要使用的 TSAP 或端口。端口信息可以在"本地 TSAP"和"伙伴 TSAP"中进行输入确认。

7.4.3　GET 和 PUT 连接参数分配

在使用 GET 或 PUT 指令时，需要对两个指令的连接参数进行分配。在"连接参数"页面中实现必要的 S7 连接组态，确认连接中的本地端点和伙伴端点信息，也可以通过"块参数"页面组态其他块参数。

对于 S7 连接参数中的连接 ID，可在 GET/PUT 块中直接更改。如果新设置的 ID 属于已有连接，则连接将相应改变；若不属于已有连接，则会创建新的 S7 连接。这种连接信息也可通过"连接概况"对话框进行更改。

在 S7 通信中，可以通过"连接概况"对话框对连接名称进行编辑。对话框中列出了所有可用的 S7 连接，可以选择这些连接作为当前 GET/PUT 通信的备选方式，也可以创建全新的连接。"连接概况"对话框通过单击"连接名称"启动。

7.4.4　基于 PROFINET 中 CPU 间 S7 通信过程

西门子 S7-1200 PLC 中，要想实现 S7 通信，首先确定发起通信的 CPU（如 PLC-1）中已经插入 GET/PUT 指令模块，并对两个指令参数进行编辑，以确定组态种类和连接参数。之后需要确定通信伙伴 CPU（如 PLC-2）的状态，并对通信参数进行组态。具体组态需要执行如下操作：

1）确定 PLC-1 为本地端点，把 PLC-2 确定为伙伴端点，当两个 CPU 之间出现了绿色连线之后说明这一连接关系确定。

2）按照两个 CPU 类别，设定"本地接口"和"伙伴接口"的参数，尤其需要选择接口类型为 PROFINETinterface，其中本地接口编号为 R0/S1，伙伴接口编号为 R0/S2。两个接口类型均设置为"Ethernet/IP"。

3）按照需求设置连接子网的名字，如 PN/IE_1，并且按照两个通信端口的 IP 地址确定本地/伙伴端口的 IP 地址。

4）连接 ID 需要与 GET/PUT 功能块中参数保持一致，如均设置为100。

5）确定连接名称之后，选择"主动连接建立"即可完成 S7 通信的连接。如果想要实现双向通信，则将"单向"选项勾除即可。

完成以上五步之后，即可在"网络视图"中查看到这一连接，之后可以通过两个指令进行 S7 通信操作。

7.5　WEB 服务器与点对点通信

7.5.1　WEB 服务器

西门子 PLC 中的 WEB 服务器允许用户通过 WEB 页面远程访问 CPU 数据以及过程数据，为 PLC 的使用和编程提供了很大便利。截至目前，所有带 PN 口的 SIMATIC S7 – 300/400、S7 – 1200/1500 CPU 或者配置了 CP 卡的 SIMATIC S7 – 300/400、S7 – 1500 PLC 均支持该项功能。通过该功能，用户可以利用 IE 等浏览器工具，无需 TIA，STEP7 等工具软件实现对 PLC 的诊断。目前该项功能支持的浏览器主要有 InternetExplorer8.0 或更新版本、MozillaFirefox3.0 或更新版本和 Opera11.0 或更新版本。

要使用这一功能，首先需要在所要访问的 PLC 的 CPU 中启动该项服务，即在 CPU 属性 "WEB 服务器" 模块上勾选 "启用 WEB 服务器" 复选框。如果需要对 WEB 服务器进行安全访问，还需要勾选 "仅允许使用 HTTPS 访问" 复选框。之后设备组态下载到 PLC，就可使用标准 WEB 页面访问 CPU。如果启用了自动更新功能，则标准 WEB 页面每十秒刷新一次。用户也可以创建自定义 WEB 网页，功能与默认服务器功能相同。

要通过计算机访问 S7 – 1200 PLC 的标准 WEB 页面，需要确保计算机和 PLC 位于同一个以太网中，或直接使用标准以太网电缆连接。浏览器地址栏中输入的网络地址通常为 "http://www.xx.yy.zz"，其中 "www.xx.yy.zz" 为所要访问 PLC 的 IP 地址。浏览器初始页面为 PLC 的 "简介" 页面，如图 7-10 所示。也可以使用 "http://www.xx.yy.zz/<页面>.html" 这样的地址打开服务器中的特定页面，<页面>是 WEB 服务器中的特定页面名称。如输入 "http://www.xx.yy.zz/communication.html"，浏览器将会显示通信页面。

图 7-10　WEB 简介页面

标准的 WEB 页面的布局都相同，具有相同的导航链接和页面控件（图 7-11）。通常来说一个标准 WEB 页面共有 9 个导航链接页面，分别具有如下功能：

1）Start：显示所连接 CPU 名称及常规信息。如果以 "admin" 身份登录，还可以更改 CPU 的操作模式。

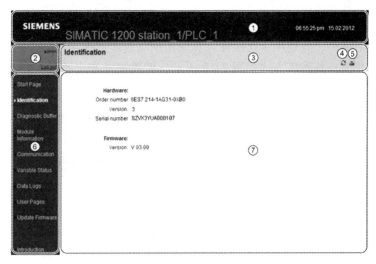

图 7-11　标准 WEB 页面布局

2）Identification：有关 CPU 的详细信息，包括序列号、订单号和版本号。

3）Module：提供有关本地机架中所有模块的信息。

4）Communication：显示所连 CPU 的参数以及通信统计数据，其中 Parameter 选项卡显示 CPU 的 MAC 地址、CPU 的 IP 地址和 IP 设置以及物理属性，Statistics 选项卡显示发送和接收通信统计数据。

5）Diagnostic：显示诊断事件，可以选择要显示的诊断缓冲区条目范围及事件信息。

6）Variable：允许查看 CPU 中的任何 I/O 或存储器数据，也可直接查看特定数据块的变量。以"admin"身份登录时，还可以修改数据值。

7）Datalog：存储在 CPU 内部或存储卡中的数据日志文件，可以查看或下载指定数目的数据日志条目。以"admin"身份登录时，还可以在下载之后清空或删除这些条目。

8）Updatefirmware：允许"admin"用户更新 CPU 固件，此时 CPU 必须处于 STOP 模式下。目前只有 3.0 及更高版本的 S7 - 1200 CPU 支持这一功能。

9）Index：进入标准 WEB 页面的简介页面。

7.5.2　点对点通信

按照传输数据的时空顺序，数据的通信可分为并行通信和串行通信两种，其中并行通信指所传送数据的各位同时发送或接收，串行通信指所传送的数据按顺序一位一位地发送或接收。S7 - 1200 PLC 为了拓展通信方式，采用串行通信的数据方式实现了点对点通信（PtP 通信）。

在硬件上，S7 - 1200 PLC 为点对点通信提供了两个通信模块（Communication Module，CM）和一个通信板（Communication Board，CB），其中通信模块包括提供 RS232 通信的 CM1241 RS232 以及同时提供 RS232 和 RS485 通信的 CM1241 RS422/485，通信板 CB1241 RS485 则提供 RS485 通信。在实际的硬件连接中，一个 PLC 的 CPU 最多可以连接三个 CM（类型不限）外加一个 CB 共四个通信接口。这些串行通信接口具有以下特征：①具有隔离的端口；②支持点对点协议；③通过扩展指令和库功能进行组态和编程；④通过 LED 显示传送和接收活动；⑤显示诊断 LED（仅限 CM）；⑥由 CP 供电，不必连接外部电源。

　　除此以外，西门子还提供了一个 RS485 网络连接器，以便多台设备之间的 RS485 通信。该连接器带有两组端子，分别用于连接输入和输出网络电缆。连接器还包括用于选择性地偏置和端接网络的开关，其连接方式如图 7-12 所示，偏置设置方式如图 7-13 所示。

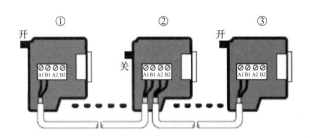

① 开关位置＝开(On)：端接且偏置
② 开关位置＝关(Off)：无端接或偏置
③ 开关位置＝开(On)：端接且偏置

图 7-12　RS485 连接器的连接方式

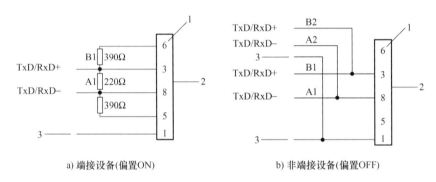

a) 端接设备(偏置ON)　　　　　　　b) 非端接设备(偏置OFF)

图 7-13　RS485 连接器的偏置设置连接方式
1—引脚编号　2—网络连接器　3—电缆屏蔽

　　与 RS485 接口不同，CB1241 采用的不是九针式连接方式，而是使用了接线端子的方式（X20），表 7-11 给出了两种连接方式的比较。CB1241 提供了用于端接和偏置网络的内部电阻。要终止或偏置连接，应将 TRA 连接到 TA，将 TRB 连接到 TB，以便将内部电阻接到电路中，其连接方式如图 7-14 所示。

表 7-11　RS485 九针接口与 CB1241 接口的比较

序　号	RS485 九针接口	X20 接口	序　号	RS485 九针接口	X20 接口
1	LogicGND	—	7	Noused	—
2	Noused	—	8	TxD －	4-TRA
3	TxD ＋	3-TRB	9	Noused	—
4	RTS	1-RTS	shell		7-M
5	LogicGND	—			TA
6	5Vpower	—			TB

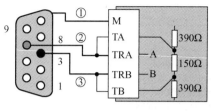 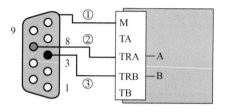

a) 端接设备(偏置ON)　　　　　　　　b) 非端接设备(偏置OFF)

图 7-14　CB1241 端接和偏置

① 将 M 连接到电缆屏蔽　② A = TxD/RxD－（绿色线／针8）　③ B = TxD/RxD＋（红色线／针3）

通过 S7－1200 PLC 提供的 PtP 通信方式，PLC 可以将信息直接发送到外部设备
（如打印机），也可以从其他设备（如条码阅读器、RFID 阅读器、第三方照相机或视觉系统以及许多其他类型的设备）接收信息，同时还可以与一些设备（例如，GPS 设备、第三方照相机或视觉系统、无线调制解调器以及更多其他设备）进行数据交换，同时实现数据的发送和接收。PtP 通信采用 UART 标准来实现多种波特率通信以及奇偶校验。如图 7-15 所示。

1. 点对点指令

为了实现点对点通信，S7－1200 PLC 提供了一套操作指令。这些指令包括端口组态

图 7-15　S7－1200 PLC 的 PtP 通信功能

的指令 PORT_CFG、发送组态的 SEND_CFG、接收组态的 RCV_CFG 三个组态指令，数据发送启动指令 SEND_PTP、数据接收启动指令 RCV_PTP 等两个数据交互指令，接收清零的 RCV_RST 指令、读取通信信号的 SEN_GET 指令和设置通信信号状态的 SEN_SET指令。

这些指令通常使用 REQ 输入参数在由低电平向高电平切换时启动操作，因此需要确保REQ 在指令执行一次的时间内为高电平（TRUE）。

要实现 PtP 通信，需要使用 PORT 参数在组态过程中分配端口地址。组态后，默认端口的符号名称可以从"参数帮助"下拉列表中进行选择，并将 CM 或 CB 端口值设置为设备配置属性"硬件标识符"。

1）S7－1200 的 PtP 操作指令中，共有三个组态指令 PORT_CFG、SEND_CFG 和 RCV_CFG，分别完成接口组态、发送方组态和接收方组态。这三个组态指令完成的组态不会永久存储在 CPU 中，当 CPU 从 RUN 模式切换到 STOP 模式或循环上电后参数将恢复为初始状态。组态指令的详细情况见表 7-12。

表 7-12　PtP 通信中的组态指令

指　令　图　标	指　令　功　能	数　据　类　型	备　　注
PORT_CFG_DB **PORT_CFG** EN　　　　ENO REQ　　　DONE PORT　　　ERROR PROTOCOL　STATUS BAUD PARITY DATABITS STOPBITS FLOWCTRL XONCHAR XOFFCHAR XWAITIME	PORT＿CFG（端口组态）：用于通过用户程序更改端口参数，如波特率等参数 可以在设备配置属性中设置端口的初始静态组态，或者仅使用默认值。可以在用户程序中执行 PORT－CFG 指令来更改组态	• REQ：Bool • PORT：PORT（端口标识符） • PROTOCOL（协议）：Uint • BAUD（波特率）：Uint • PARITY（奇偶校验）：Uint • DATABITS（字符位数）：Uint • STOPBITS（停止位）：Uint • FLOWCTRL（流控制）：Uint • XONCHAR（XON 字符）：char • XOFFCHAR（XOFF 字符）：char • XWAITIME（等待时间）：Uint • DONE：BOOL • ERROR：BOOL • STATUS：WORD	STEP7 会在插入指令时自动创建 DB 执行 SEND＿CFG 和 RCV＿CFG 时，将放弃 CM 或 CB 内所有排队的消息
SEND_CFG_DB **SEND_CFG** EN　　　　ENO REQ　　　DONE PORT　　　ERROR RTSONDLY　STATUS RTSOFFDLY BREAK IDLELINE	SEND＿CFG（发送方组态）：用于动态组态 PtP 通信端口的串行传输参数	• REQ：Bool • RTSONDLY：Uint • RTSOFFDLY：Uint • BREAK：Uint • IDLELINE：Uint • DONE：Bool • ERROR：Bool • STATUS：WORD	
RCV_CFG_DB **RCV_CFG** EN　　　　ENO REQ　　　DONE PORT　　　ERROR CONDITIONS STATUS	RCV＿CFG（接收方组态）：用于动态组态 PtP 通信端口的串行接收方参数。该指令可组态表示接收消息开始和结束的条件	• REQ：Bool • CONDITIONS：CONDITIONS • DONE：Bool • ERROR：Bool • STATUS：WORD	

2）PtP 操作指令中，进行数据传输控制的指令共有三个，分别是 SEND_PTP、RCV_PTP 和 RCV_RST。SEND_PTP 用于启动数据传输，并将分配的缓冲区传送到通信接口，RCV_PTP 用于检查 CM 或 CB 中已接收的消息并将接收到的信息传送给 CPU，RCV_RST 指令用于清除 CM 或 CB 的消息。在这三个指令中，RCV_PTP 指令使用 RCV_CFG 指令指定的开始条件和结束条件来确定点对点通信消息的开始和结束。开始条件和结束条件可以是单一条件，也可以是组合条件。如果是组合条件，则只有满足所有条件后才能开始或结束。这两个数据传输控制指令的详细情况见表 7-13。

表 7-13　PtP 通信中的传输控制指令

指令图标	指令功能	数据类型	备　注
SEND_PTP_DB SEND_PTP EN　　　ENO REQ　　DONE PORT　　ERROR BUFFER　STATUS LENGTH PTRCL	SEND_PTP（传输启动）：启动数据传输，并将分配的缓冲区传送到通信接口。在 CM 或 CB 块已指定波特率发送数据的同时，CPU 程序会继续执行。仅一个发送操作可以在某一给定时间处于未决状态。如果在 CM 或 CB 已经开始传送消息时执行第二个 SEND_PTP，CM 或 CB 将返回错误	● REQ：Bool ● PORT：PORT（端口标识符） ● BUFFER：Variant ● LENGTH：Uint ● PTRCL：Bool ● DONE：Bool ● ERROR：Bool ● STATUS：Word	STEP7 会在插入指令时自动创建 DB SEND_PTP 指令可以传送的最小数据单位是一个字节。由 BUFFER 决定要传送的数据大小，该参数不接受 Bool 数据类型，可以将其设置为 0 以确保 SEND_PTP 发送 BUFFER 参数表示的整个数据结构 接收端每个 PtP 通信接口最多可缓冲 1024 字节
RCV_PTP_DB RCV_PTP EN　　　ENO EN_R　　NDR PORT　　ERROR BUFFER　STATUS 　　　　LENGTH	RCV_PTP（接收操作）：用于检查 CM 或 CB 中已接收的消息。如果有消息，则会将其从 CM 或 CB 传送到 CPU。如果发生错误，则会返回相应的 STATUS 值	● EN_R：Bool ● PORT：PORT（端口标识符） ● BUFFER：Variant ● NDR：Bool ● ERROR：Bool ● STATUS：Word ● LENGTH：Uint	
RCV_RST_DB RCV_RST EN　　　ENO REQ　　DONE PORT　　ERROR 　　　　STATUS	RCV_RST（重置接收）：用于清空 CM 或 CB 中的接收缓冲区	● REQ：Bool ● PORT：PORT（端口标识符） ● DONE：Bool ● ERROR：Bool ● STATUS：Word	STEP 7 会在插入指令时自动创建 DB

3) PtP 操作指令中，还提供了对传输状态进行读取和设置的两个指令 SGN_GET 和 SGN_SET，这两个指令仅限于 RS232 这种通信模式。指令的详细信息见表 7-14。

表 7-14　PtP 通信中的信号操作指令

指令图标	指令功能	数据类型	备　注
SGN_GET_DB SGN_GET EN　　　ENO REQ　　NDR PORT　　ERROR 　　　　STATUS 　　　　DTR 　　　　DSR 　　　　RTS 　　　　CTS 　　　　DCD 　　　　RING	SGN_GET（状态获取）：用于读取 RS232 通信信号的当前状态，仅限于 RS232 有效	● REQ：Bool ● PORT：PORT（端口标识符） ● NDR：Bool ● ERROR：Bool ● STATUS：Word ● DTR：Bool ● DSR：Bool ● RTS：Bool ● CTS：Bool ● DCD：Bool ● RING：Bool	STEP 7 会在插入指令时自动创建 DB
SGN_SET_DB SGN_SET EN　　　ENO REQ　　DONE PORT　　ERROR SIGNAL　STATUS RTS DTR DSR	SGN_SET（状态设置）：用于设置 RS232 通信信号的状态，仅限于 RS232CM 有效	● DTR：Bool ● DSR：Bool ● DONE：Bool ● ERROR：Bool ● STATUS：Word	

2. 组态通信端口

在 S7 – 1200 PLC 中，可以通过硬件组态和通信指令两种方式实现通信接口的组态。可以在设备组态功能中对端口参数（波特率和奇偶校验）、发送参数和接收参数进行组态，将相应信息设置存储在 CPU 中，也可以使用三个组态指令进行参数的设置。指令设置参数只有在 CPU 处于 RUN 模式期间才是有效的，在切换到 STOP 模式或循环上电后，这些端口设置会恢复为设备组态设置。

组态硬件设备之后，通过选择机架上的某个接口可以实现通信接口参数的组态。巡视窗口中的"属性"选项卡显示了所选 CM 或 CB 的参数，通过"端口组态"可以对波特率、奇偶校验、字符数据位数、停止位的数目、流控制（仅限 RS232）、等待时间等参数进行调整。

对于控制模块和控制板而言，端口组态参数的格式通常都是相同的，具体参数值可以不同。

CM1241 RS422/485 模块的 422 模式还支持软件流控制。所谓流控制是指为了不丢失数据而用来平衡数据发送和接收的一种机制，可确保传送设备发送的信息量不会超出接收设备所能处理的信息量。可以通过硬件或软件来实现。在 S7 – 1200 PLC 中，RS232CM 同时支持硬件及软件流控制，CM1241 RS422/485 模块的 422 模式支持软件流控制。

硬件流控制通过请求发送和允许发送通信信号来实现。如果为 RS232CM 启用 RTS 切换的硬件流控制，则模块会将 RTS 信号设置为激活状态以发送数据。在"RTS 始终激活"模式下，CM1241 默认情况下将 RTS 设置为激活状态。某些设备（如电话、调制解调器等）监视来自 CM 的 RTS 信号，将该信号用作允许发送信号。比如对于调制解调器来说，只有在见到激活的 CTS 信号后才开始数据发送，如果 RTS 处于非激活状态，则不向 CM 传送数据。因此如果要使调制解调器随时都能向 CM 发送数据，则需要使用"RTS 始终激活"硬件流控制将 RTS 信号设置为始终激活。当然，传送设备必须确保 CM 接收缓冲区不会超负荷运行。

软件流控制使用消息中的特殊字符来实现，通常为表示 XON 和 XOFF 的十六进制字符。XOFF 指示传送停止，XON 指示传送继续，两者不能是相同的字符。传送设备从接收设备收到 XOFF 字符时停止传送，当收到 XON 字符时，继续进行传送。软件流控制的实现需要全双工通信方式，且只能用于仅包含 ASCII 字符的消息。

3. 组态传送（发送）和接收参数

在 CPU 可进行 PtP 通信前，必须对传送消息和接收消息的参数进行组态，决定消息传输的通信工作方式。在设备组态中，可以通过指定所选接口的"已传送消息的组态"属性来实现通信方式的组态，也可以通过 SEND_CFG 指令和 RCV_CFG 指令实现。

4. 设计 PtP 通信

STEP7 提供了一些扩展指令，使得用户程序能够使用程序中设计和指定的协议来执行点对点通信。这些指令可以分为组态指令和通信指令两种，即前面描述的组态指令和传输指令等。

PtP 通信通常采取轮询模式进行，循环/周期性调用 S7 – 1200 点对点指令以检查收到的消息，发送方可在发送结束时发出确认信号。

主站的典型轮询顺序：①采取 SEND_PTP 指令启动数据传送；②以轮询方式确认传送完成状态；③传送完成，用户代码可以准备接收响应；④RCV_PTP 指令反复执行以检查响应，将响应复制到 CPU 并指示已接收到新数据；⑤用户程序处理响应；⑥转到第①步并重复该循环。

相应从站的典型轮询顺序：①每次扫描用户程序都会执行 RCV_PTP 指令；②收到请求后 RCV_PTP 指令将指示新数据准备就绪并将请求复制到 CPU 中；③用户程序随即处理请求并生成响应；④使用 SEND_PTP 指令将该响应往回发送给主站；⑤反复执行 SEND_PTP 以确保执行传送；⑥转到第①步并重复该循环。

从站在等待响应期间，必须尽量经常调用 RCV_PTP，以便能够在主站超时之前接到来自主站的传送。因此用户程序中需要调用 RCV_PTP，且循环时间应足够大，保证数据传输。

5. 点对点通信示例

本书以 S7－1200 CPU 通过 CM1241 RS232 模块与装有终端仿真器的 PC 通信来示范点对点之间的通信，示例中 CPU 从 PC 接收消息，之后将该消息回送到 PC。

要完成本示例操作，必须将 CM1241 RS232 模块的通信接口连接到 PC 的 RS232 接口（通常为 COM1），在连接这两个端口时必须交换接收和发送引脚（引脚 2 和 3）。这种连接可以使用 NULL 调制解调器适配器和标准 RS232 电缆交换引脚 2 和 3，也可以使用已交换引脚 2 和 3 的 NULL 调制解调器电缆。通过查看电缆两端是否带有两个九针 D 型母头连接器来查看是否 NULL 电缆。

（1）通信模块组态 组态过程中，首先需要对通信模块进行组态。本例中通过 STEP7 中的设备组态方式完成 CM1241 的组态。首先在"设备组态"中单击 CM 模块的通信端口确认相应参数（如图 7-16 所示），之后组态传输开始状态和结束状态（如图 7-17 及图 7-18 所示）。

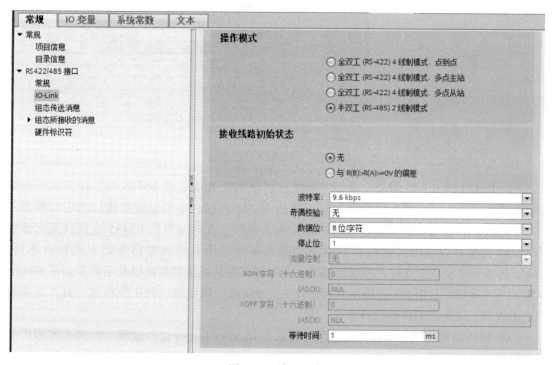

图 7-16　端口组态

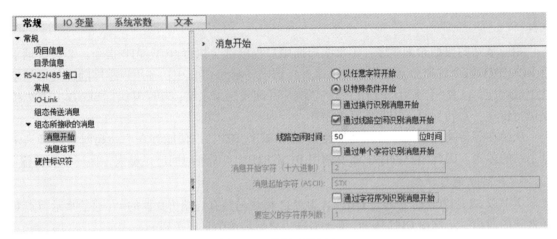

图 7-17　传送开始组态

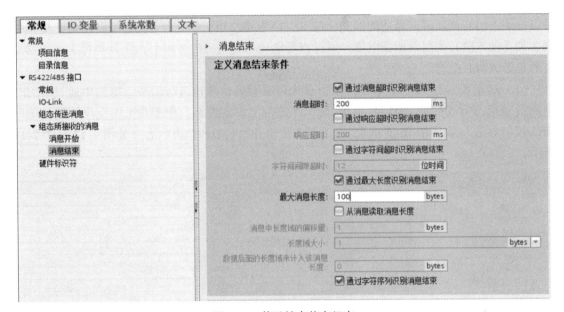

图 7-18　传送结束状态组态

（2）RS422 或 RS485 组态　通信中需要对所使用的 RS422 或 RS485 的工作方式进行组态。组态时需要对带电缆断线检测反向偏置的 RS422 连接、不带电缆断线检测正向偏置的 RS422 连接、不带电缆断线检测无偏置的 RS422 连接、正向偏置的 RS485 连接以及无偏置的 RS485 连接等五种情况进行参数确认，这五种情况所对应的电路连接方式各有不同，RS422 连接包括全双工点对点四线制模式、全双工多主站四线制模式以及全双工多从站四线制模式等三种情况，RS485 连接则只有半双工（RS485）两线制一种工作模式。具体采用哪种组态方式，取决于用户组态需要。

（3）软件编程　网络组态完成之后，可以使用 STEP7 进行软件编程。本例程序中以全局数据块作为通信缓冲区，使用 RCV_PTP 指令从终端仿真器接收数据，使用 SEND_PTP 指令向终端仿真器回送缓冲数据。编程中，需要添加数据块组态和程序 OB1，创建一个全局数据块（DB）并将其命名为"Comm_Buffer"，在数据块中创建一个名为"buffer"，数据类型为"字节数组［0..99］"的值。

程序段 1（见图 7-19）：只要 SEND_PTP 未激活，就启用 RCV_PTP 指令。在程序段 4 中，MW20.0 中的 Tag_8 在发送操作完成时进行指示，即通信模块相应地准备好接收消息时进行指示。

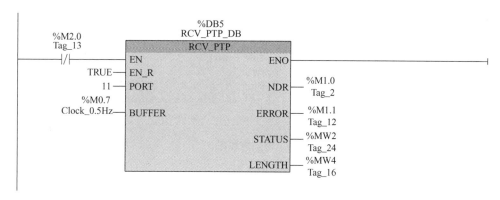

图 7-19　程序段 1

程序段 2（见图 7-20）：使用由 RCV_PTP 指令设置的 NDR 值（M0.0 中的 Tag_1）来复制接收到的字节数，并使一个标记（M20.0 中的 Tag_8）置位以触发 SEND_PTP 指令。

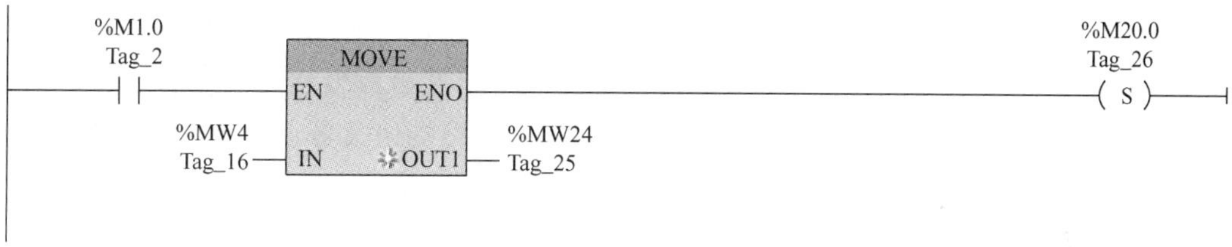

图 7-20　程序段 2

程序段 3（见图 7-21）：M20.0 标记置位时启用 SEND_PTP 指令，同时将 REQ 输入设置为 TRUE，时间为一个扫描周期。REQ 输入会通知 SEND_PTP 指令要传送新请求。REQ 输入必须仅在 SEND_PTP 的一个执行周期内设置为 TRUE。每个扫描周期都会执行 SEND_PTP 指令，直到传送操作完成。CM1241 传送完消息的最后一个字节时，传送操作完成。传送操作完成后，DONE 输出（M10.0 中的 Tag_5）将被置位为 TRUE 并持续 SEND_PTP 的一个执行周期。

程序段 4（见图 7-22）：监视 SEND_PTP 的 DONE 输出并在传送操作完成时复位传送标记（M20.0 中的 Tag_8）。传送标记复位后，程序段 1 中的 RCV_PTP 指令可以接收下一条消息。

（4）调试运行　为了实现程序的运行调试，必须设置终端仿真器以支持此示例程序。确定终端仿真器处于断开模式后，按照以下顺序编辑各设置：将终端仿真器设置为使用 PC 上的 RS232 端口（通常为 COM1）；将端口组态为 9600 波特、8 个数据位、无奇偶校验（无）、1 个停止位和无流控制；更改终端仿真器设置使其仿真 ANSI 终端；组态终端仿真器 ASCII 码设置，使其在每行后（用户按下 Enter 键后）发送换行信号；本地回送字符，以便终端仿真器显示输入的内容。

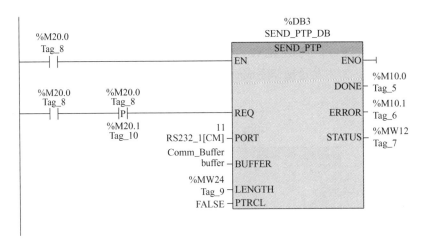

图 7-21　程序段 3

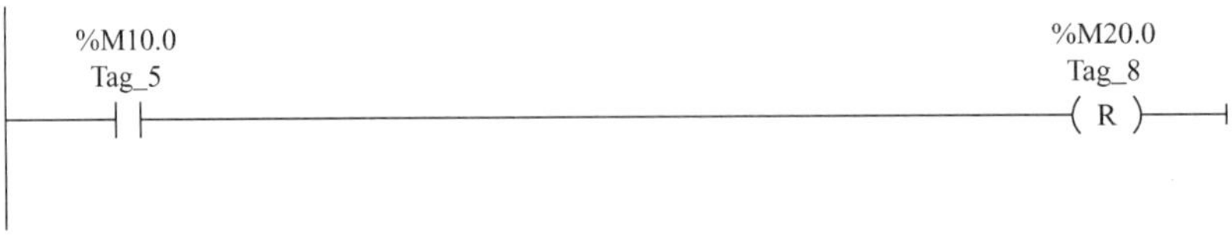

图 7-22　程序段 4

　　为了对程序进行验证，需要首先将 STEP7 程序下载到 CPU 中并确保其处于 RUN 模式，之后单击终端仿真器上的"连接"（connect）按钮以使组态更改发挥作用，启动与 CM1241 的终端会话，最后在 PC 中键入字符并按 Enter 键。这样终端仿真器会将输入的字符发送到 CM1241 和 CPU。最后 CPU 程序将这些字符回送到终端仿真器。

7.6　AS-i 通信

　　AS-i（Actuator Sensor Interface）是一种用在控制器（主站）和传感器/执行器（从站）之间双向交换信息的总线网络，属于自动化系统中最低级别的单一主站网络连接系统。该系统能够通过主站网关实现与多种现场总线的连接，此时 AS-i 主站对于上层现场总线来说是一个节点服务器。这种总线结构主要运用于具有开关量特征的传感器和执行器系统，同时也能够连接模拟量信号系统。AS-i 总线中的连接导线兼具信号传输和供电的功能，节省了独立的供电线路，在现场控制中使用频率较高。

　　S7 –1200 PLC 提供了 AS-i 主站卡 CM1243 –2 以实现与 AS-i 网络的连接。通过 CM1243 –2，仅需一条 AS-i 电缆，即可将传感器和执行器（AS-i 从站设备）连接到 CPU。CM1243 –2 可处理所有 AS-i 网络协调事务，并通过为其分配的 I/O 地址中继传输从执行器和传感器到 CPU 的数据和状态信息。根据从站类型，可以访问二进制值或模拟值。AS-i 从站是 AS-i 系统的输入和输出通道，并且只有在由 CM1243 –2 调用时才会激活。

　　在图 7-23 中，S7 –1200 PLC 是控制 AS-i 操作面板和数字量/模拟量 I/O 模块从站设备的 AS-i 主站。

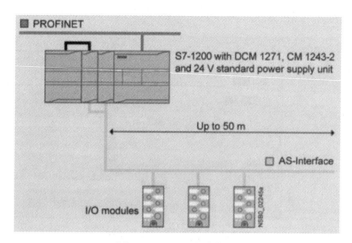

图 7-23　AS-i 连接方式

1. 组态 AS-i 主站和从站设备

CM1243 – 2 作为通信模块集成在 S7 – 1200 PLC 中，可以使用硬件目录将其添加到 CPU 连接中，每个 CPU 最多可使用三个 CM1243 – 2 模块。要将模块插入到硬件组态中，可在硬件目录中选择模块，然后双击该模块或将其拖到高亮显示的插槽中（如图 7-24 所示）。AS-i 从站同样可以使用硬件目录添加。

模块	选择模块	插入模块	结果
CM 1243 – 2 AS-i 主站	▼ 通信模块 ▶ Industrial Remote Communication ▶ PROFIBUS ▶ 点到点 ▶ 标识系统 ▼ AS-i 接口 ▼ CM1243-2 3RK7243-2AA30-0XB0		

图 7-24　添加 CM1243 – 2 模块到 CPU

在"设备和网络"窗口中，使用"网络视图"可以组态各设备之间的网络连接。要创建 AS-i 连接，在第一个设备上选择 AS-i 端口框（如图 7-27 中箭头所指，实际操作界面上为黄色框），拖出一条线连接到第二个设备上的 AS-i 框，即可创建 AS-i 连接。之后，可以在 CM1243 – 2 模块上的"属性"选项卡中实现组态 AS-i 接口的参数的查看、组态以及更改功能。CM1243 – 2 模块参数见表 7-15。

表 7-15　CM1243 – 2 模块参数

属　　性	说　　明
常规	AS-i 主站 CM1243 – 2 的名称
操作参数	AS-i 主站的响应参数
I/O 地址	从站 I/O 地址的地址区域
AS-i 接口（X1）	分配的 AS-i 网络

对于 AS-i 从站，需要配置唯一的网络地址。从站地址范围可从 0 ~ 31 进行选择，但是实际上地址 0 只预留给新从站设备，因此从站地址范围从 1（A 或 B）~ 31（A 或 B）分布，

总计可以配置最多 62 台从站设备。地址的配置操作可以如图 7-25 所示。

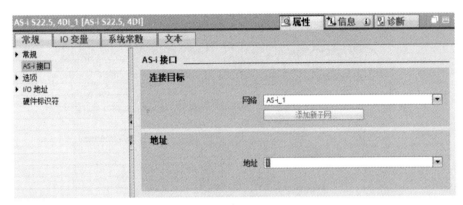

图 7-25　设置 AS-i 从站地址

2. 数据通信

在 STEP7 中，可以实现 AS-i 的基本组态功能，如图 7-26 所示。AS-i 主站在 CPU 的 I/O 区域中预留一个 62 字节的数据区，对应 62 个从站。对于每个从站，都有一个字节的输入数据和一个字节的输出数据预留空间。在 CM1243 – 2 的巡视窗口中，可以看出从站与数字位的对照关系。

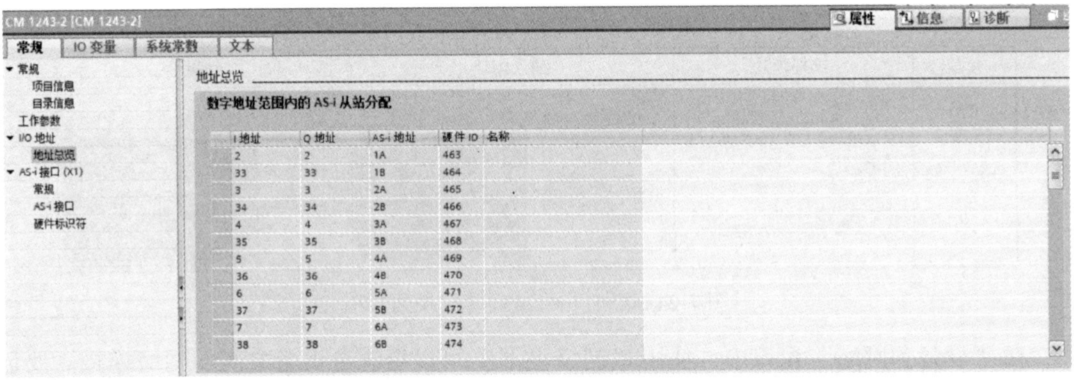

图 7-26　STEP7 中的 AS-i 基本组态

（1）数字量传输　在循环操作中，CPU 通过主站 CM1243 – 2 访问从站的数字量输入和输出，通过 I/O 地址或数据记录传输访问数据。

如图 7-27 中，数字量输入模块（AS-i SM-U、4DI）被分配从站地址 1，I/O 地址 2，可以通过对 I/O 地址进行相应位逻辑运算（如 "AND"）或位分配，来访问用户程序中从站数据。

图 7-28 所示程序将轮询输入 I2.0。在 AS-i 系统中，该输入属于从站 1（第 2 个输入字节，第 0 位）。随后设置的输出 Q4.3 对应于 AS-i 从站 3（第 4 个输出字节，第 3 位）。

（2）模拟量传输　在 STEP7 中将 AS-i 从站组态为模拟量从站，可以通过 CPU 过程映像访问从站的模拟量数据。否则只能通过非周期性函数（数据记录接口）访问从站数据。在 CPU 的用户程序中，可以使用 RDREC（读取数据记录）和 WRREC（写入数据记录）分布式 I/O 指令读取和写入 AS-i 调用。

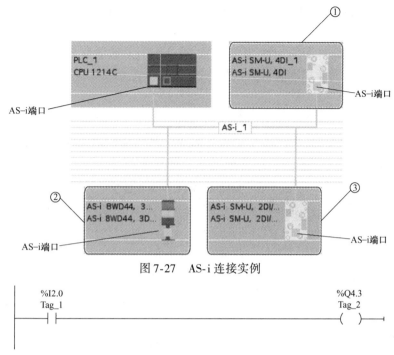

图 7-27　AS-i 连接实例

图 7-28　数字量传输访问程序示例

7.7　Modbus 通信

Modbus 是 Modicon 公司（现在的施耐德电气 Schneider Electric）于 1979 年提出的一种串行通信协议。由于具有开放式、易使用、易维护的特性，该协议被称为工业领域通信协议的业界标准，是工业电子设备之间常用的连接方式，允许多个（大约 240 个）设备连接在同一个网络上进行通信。

Modbus 协议具有用于串口、以太网以及其他支持互联网协议的多个版本。大多数 Modbus 通过串行连接实现设备通信，具体版本又分为采取二进制数据的紧凑 Modbus RTU 和支持 ASCII 码的 Modbus ASCII 两种形式，分别采取循环冗余校验和纵向冗余校验进行误码识别，两种版本之间不可互相通信。对于通过 TCP/IP（例如以太网）的通信连接，则采取多种不需要校验和计算 Modbus TCP 形式。除此以外，Modbus 还有一个 Modicon 专有的扩展版本 Modbus Plus（Modbus + 或者 MB +）。S7 – 1200 PLC 仅支持 Modbus RTU 和 Modbus TCP 两种形式。

7.7.1　Modbus RTU

Modbus RTU（远程终端单元）是一个标准的网络通信协议，使用 RS232 或 RS485 在 Modbus 网络设备之间实现串行数据传输。S7 – 1200 PLC 可以在带有一个 RS232 或 RS485 CM 或一个 RS485 CB 的 CPU 上添加 PtP 网络端口实现这种网络连接。Modbus RTU 网络使用主/从结构，主设备启动通信，从设备响应主设备请求。在操作中，通常由主设备向一个从设备地址发送请求，然后该从设备地址对命令做出响应。

当 PLC 的 CPU 作为 Modbus RTU 主站（或 Modbus TCP 客户端）运行时，可在远程 Modbus RTU 从站（或 Modbus TCP 服务器）中进行读/写数据和查询 I/O 状态操作，进而在用户程序中进行数据处理。

当 PLC 的 CPU 作为 Modbus RTU 从站（或 Modbus TCP 服务器）运行时，允许监控设置在远程 CPU 中进行读/写数据和查询 I/O 状态操作。

1. 控制指令

在 STEP7 中，针对 Modbus RTU 的操作指令共有三个，分别是设置 PtP 端口参数的 MB_COMM_LOAD 指令、设置 Modbus RTU 主设备的 MB_MASTER 指令以及设置 Modbus RTU 从设备的 MB_SLAVE 指令，这些指令的详细情况见表 7-16。

表 7-16　Modbus RTU 的操作指令

指令图标	指令功能	数据类型	备　注
MB_COMM_LOAD_DB **MB_COMM_LOAD** EN　　　　ENO REQ　　　DONE PORT　　ERROR BAUD　　STATUS PARITY FLOW_CTRL RTS_ON_DLY RTS_OFF_DLY RESP_TO MB_DB	MB_COMM_LOAD 指令可组态用于 ModbusRTU 协议通信的 PtP 端口。最多安装三个 CM 及一个 CB。将 MB_COMM_LOAD 指令放入程序时自动分配背景数据块	• REQ：Bool • PORT：port • BAUD：UDint • PARITY：Uint • FLOW_CTRL：Uint • RTS_ON_DLY：Uint • RTS_OFF_DLY：Uint • RESP_TO：Uint • MB_DB：Variant • DONE：Bool • ERROR：Bool • STATUS：word	用于 Modbus 通信的每个通信端口，都必须执行一次 MB_COMM_LOAD 来组态。为要使用的每个端口分配一个唯一的背景数据块。只有在必须更改波特率或奇偶校验等通信参数时，才再次执行
MB_MASTER_DB **MB_MASTER** EN　　　　ENO 　　　　　DONE 　　　　　BUSY REQ　　　ERROR MB_ADDR　STATUS MODE DATA_ADDR DATA_LEN DATA_PTR	MB_MASTER 指令作为 Modbus 主站利用之前执行 MB_COMM_LOAD 指令组态的端口进行通信。将 MB_MASTER 指令放入程序时自动分配背景数据块。指定 MB_COMM_LOAD 指令的 MB_DB 参数时将使用该 MB_MASTER 背景数据块	• REQ：Bool • MB_ADDR：V1.0-USint 　　　　　　V2.0-Uint • MODE：USint • DATA_ADDR：UDint • DATA_LEN：Uint • DATA_PTR：Variant • DONE：Bool • ERROR：Bool • BUSY：Bool • STATUS：word	必须先执行 MB_COMM_LOAD 组态端口，然后 MB_MASTER 和 MB_SLAVE 指令才能与该端口通信
MB_SLAVE_DB **MB_SLAVE** EN　　　　ENO MB_ADDR　NDR 　　　　　DR MB_HOLD_REG　ERROR 　　　　　STATUS	MB_SLAVE 指令允许用户程序作为 Modbus 从站通过 CM（RS485 或 RS232）和 CB（RS485）上的 PtP 端口进行通信。远程 Modbus RTU 主站发出请求时，用户程序会通过执行 MB_SLAVE 进行响应。STEP7 在插入指令时自动创建背景数据块。在为 MB_COMM_LOAD 指令指定 MB_DB 参数时使用 MB_SLAVE_DB 名称	• MB_ADDR：V1.0-USint 　　　　　　V2.0-Uint • MB_HOLD_REG：Variant • NDR：Bool • DR：Bool • ERROR：Bool • STATUS：word	用户程序必须轮询 MB_MASTER 和 MB_SLAVE 指令以了解传送和接收的完成情况 对于给定端口，只能使用一个 MB_SLAVE 实例

2. Modbus RTU 主站示例程序

启动期间通过第一个扫描标志启用 MB_COMM_LOAD，此时必须保证串口组态在运行时不会更改。

程序段 1（见图 7-29）仅在第一次扫描期间初始化一次 RS485 模块参数。在程序循环 OB 中使用一个 MB_MASTER 指令，与单个从站进行通信。要与其他从站通信，可在程序循环 OB 中使用另外的 MB_MASTER 指令，也可以重新使用一个 MB_MASTERFB。

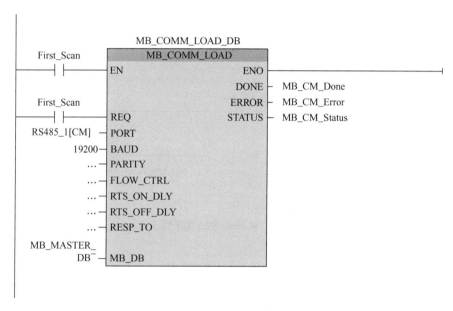

图 7-29　Modbus 主站程序段 1

程序段 2（见图 7-30）从从站保持寄存器读取 100 个字。

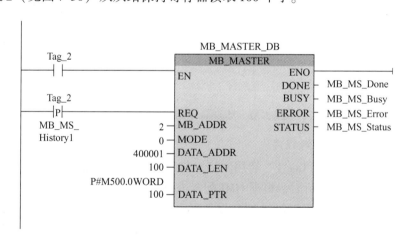

图 7-30　Modbus 主站程序段 2

程序段 3（见图 7-31）是一个可选网络，仅显示读操作完成后前 3 个字的值。
程序段 4（见图 7-32）将 64 个位写入起始于从站地址 Q2.0 的输出映像寄存器。

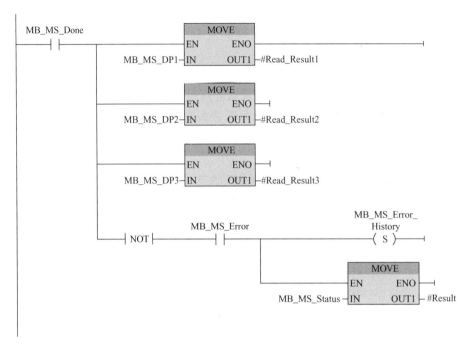

图 7-31　Modbus 主站程序段 3

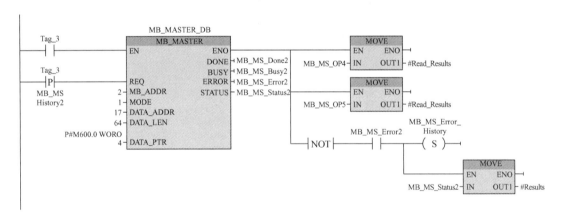

图 7-32　Modbus 主站程序段 4

3. Modbus RTU 从站示例程序

Modbus RTU 从站使用"Tag_1"启用网络操作，首先初始化对应的 MB_COMM_LOAD，此时必须保证串口组态在运行时会根据 HMI 配置进行更改。

程序段 1（见图 7-33）实现每次 HMI 设备更改 RS485 模块参数时，都会初始化该参数。MB_SLAVE 设置在每 10ms 执行一次的循环 OB 中，这样可使短消息（在请求中占 20 字节或更低）达到 9600 波特。

程序段 2（见图 7-34）实现每次扫描期间检查 Modbus 主站请求。Modbus 保持寄存器被组态为 100 个字（从 MW1000 开始）。

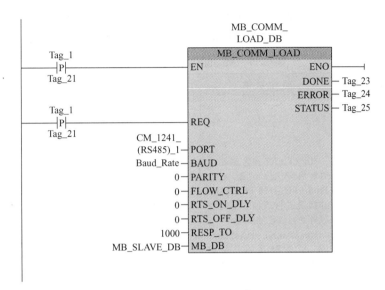

图 7-33 Modbus 从站程序段 1

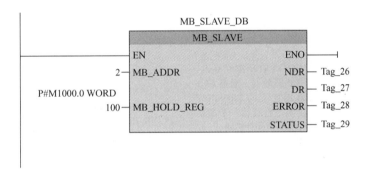

图 7-34 Modbus 从站程序段 2

7.7.2 Modbus TCP

Modbus TCP（传输控制协议）是一个标准的网络通信协议，它使用 CPU 上的 PROFI-NET 连接器进行 TCP/IP 通信，不需要额外的通信硬件模块。该协议支持多个客户端-服务器连接，连接数最大为 CPU 型号所允许的最大连接数。在 Modbus TCP 通信中，提供服务的站称为服务器 MB_SERVER，请求服务的站称为客户端 MB_CLIENT，每个 MB_SERVER 连接必须使用一个唯一的背景数据块和 IP 端口号。目前只有 CPU 固件版本高于 V1.02 的 S7 - 1200 PLC 才支持这种通信协议。

Modbus TCP 通信由客户端发起。客户端通过 DISCONNECT 参数连接到特定服务器（从站）的 IP 地址和 IP 端口号，之后启动 Modbus 消息客户端传输并接收服务器响应，最后根据需要断开连接，以便与其他服务器连接。

1. 控制指令

S7 - 1200 PLC 中为 Modbus TCP 通信提供了两个控制指令，分别对应通信主站和通信从站，其中主站 MB_CLIENT 指令负责进行客户端-服务器 TCP 连接、发送命令消息、接收响应以及控制服务器断开，而从站 MB_SERVER 则根据要求连接至 Modbus TCP 客户端、接收 Modbus 消息及发送响应。两个指令的具体情况见表 7-17。

表 7-17　Modbus TCP 的操作指令

指 令 图 标	指 令 功 能	数 据 类 型	备　　注
MB_CLIENT_DB **MB_CLIENT** EN　　　　ENO REQ　　　DONE DISCONNECT　BUSY CONNECT_ID　ERROR IP_OCTET_1　STATUS IP_OCTET_2 IP_OCTET_3 IP_OCTET_4 IP_PORT MB_MODE MB_DATA_ADDR MB_DATA_LEN MB_DATA_PTR	MB_CLIENT 作为 Modbus TCP 客户端，通过 S7－1200 CPU 上的 PROFINET 连接器进行通信。不需要额外的通信硬件模块 MB_CLIENT 可进行客户端－服务器连接、发送 Modbus 功能请求、接收响应以及控制 Modbus TCP 服务器的断开	● REQ：Bool ● DISCONNECT：Bool ● CONNECT_ID：Uint ● IP_OCTET_1：USint ● IP_OCTET_2：USint ● IP_OCTET_3：USint ● IP_OCTET_4：USint ● IP_PORT：Uint ● MB_MODE：USint ● MB_DATA_ADDR：UDint ● MB_DATA_LEN：Uint ● MB_DATA_PTR：Variant ● DONE：Bool ● BUSY：Bool ● ERROR：Bool ● STATUS：Word	Modbus 客户端启动后，将在内部保存所有输入状态，然后在每次后续调用时进行比较。因此，在主动处理 MB_CLIENT 操作期间应不改变输入 ModbusTCP 客户端支持的并发连接数最多为 PLC 允许的开放式用户通信最大连接数，不得超过支持的开放式用户通信最大连接数
MB_SERVER_DB **MB_SERVER** EN　　　　ENO DISCONNECT　NDR CONNECT_ID　DR IP_PORT　ERROR MB_HOLD_REG　STATUS	MB_SERVER 作为 Modbus TCP 服务器，通过 S7－1200 CPU 上的 PROFINET 连接器进行通信。不需要额外的通信硬件模块 MB_SERVER 可接收与 Modbus TCP 客户端连接的请求、接收 Modbus 功能请求以及发送响应消息	● DISCONNECT：Bool ● CONNECT_ID：Uint ● IP_PORT：Uint ● MB_HOLD_REG：Variant ● NDR：Bool ● DR：Bool ● ERROR：Bool ● STATUS：Word	可以创建多个服务器连接，并发连接数最多为 PLC 允许的开放式用户通信最大连接数，不得超过支持的开放式用户通信最大连接数

2. 通信实例

（1）MB_SERVER 示例：多个 TCP 连接　在 S7－1200 PLC 中可以存在多个 Modbus TCP 服务器连接，但是必须为每个连接单独执行 MB_SERVER，且使用单独的背景数据块、连接 ID 和 IP 端口。S7－1200 PLC 仅允许每个 IP 端口进行一个连接，每个连接的每次循环都必须执行 MB_SERVER。

程序段 1（见图 7-35）显示了带有独立 IP_PORT、连接 ID 和背景数据块的 1 号连接。

程序段 2（见图 7-36）显示了带有独立 IP_PORT、连接 ID 和背景数据块的 2 号连接。

（2）MB_CLIENT 示例 1：通过公共 TCP 连接发送多个请求　多个 Modbus 客户端可以通过同一连接发送请求，但必须使用相同的背景数据块、连接 ID 和端口号以确定同一个 SEVER。但是在一个时间点，网络中只能有一个客户端处于激活状态，只有在该客户端完成执行后，下一个客户端才能被激活并开始执行指令。

以下示例显示的是对同一存储区执行写操作的两个客户端。程序段 1（见图 7-37）完成读取 16 个输出映像位，程序段 2（见图 7-38）完成读取 32 个输入映像位。

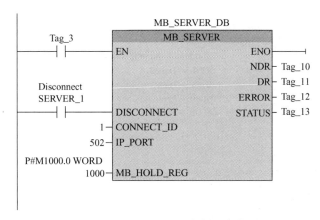

图 7-35　MB_SERVER 实例程序段 1

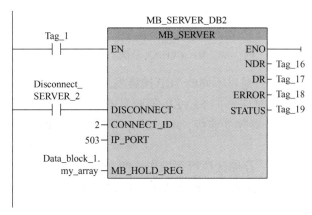

图 7-36　MB_SERVER 实例程序段 2

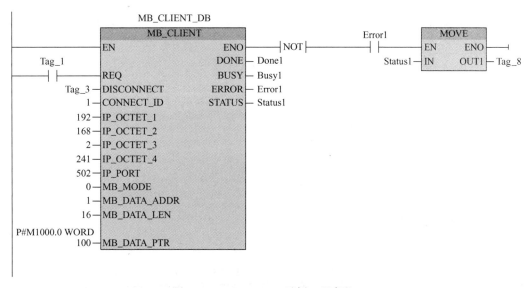

图 7-37　MB_CLIENT 示例 1 程序段 1

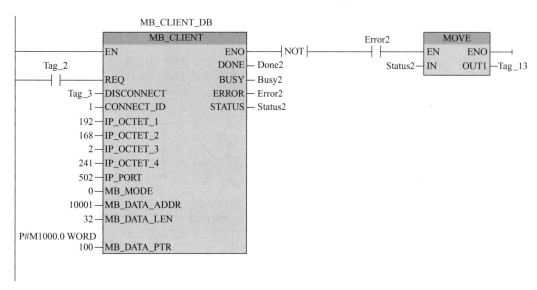

图 7-38　MB_CLIENT 示例 1 程序段 2

（3）MB_CLIENT 示例 2：通过不同的 TCP 连接发送多个请求　Modbus 客户端也可通过不同连接来发送请求，此时对应不同 SEVER 需要具有不同的背景数据块、IP 地址和连接 ID。如要与同一 Modbus 服务器建立连接，端口号必须不同。如果与不同的服务器建立连接，则端口号方面没有限制。

以下示例显示的是对同一存储区执行写操作的两个客户端。程序段 1（见图 7-39）读取（S7 – 1200 PLC 存储器中的）输入字；程序段 2（见图 7-40）读取（S7 – 1200 PLC 存储器中的）保持寄存器字。

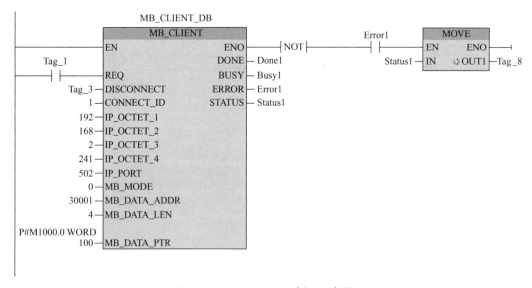

图 7-39　MB_CLIENT 示例 2 程序段 1

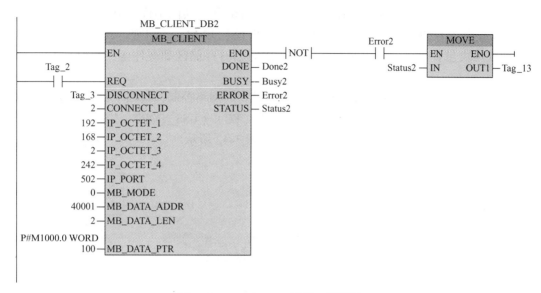

图 7-40　MB_CLIENT 示例 2 程序段 2

7.8　通用串行接口通信

通用串行接口通信协议 USS 是西门子为驱动装置开发的一种基于串行总线传输数据的通信协议。用户可以通过 USS 实现多个驱动器之间的通信，直观地对驱动器进行监控。

USS 是一种主从结构协议，每个从站拥有唯一的站地址。USS 由主站使用地址参数向所选从站发送消息，只有接收到该消息的从站才会执行传送操作，其他从站处于未激活状态，并且各从站之间也无法进行直接消息传送。USS 通信以半双工模式执行，波特率最高可达 115.2kb/s，通信字符格式为：1 个起始位、8 个数据位、1 个偶校验位和 1 个停止位。USS 的刷新周期与 PLC 的扫描周期是不同步的，通信时间与通信波特率、总线上变频器的台数以及扫描周期有关。与驱动器进行的通信与 S7－1200 PLC 扫描周期也不同步，在完成一个驱动器通信事务之前，S7－1200 PLC 通常完成了多个扫描，但是比通信波特率对应的扫描间隔更小的时间间隔下进行扫描并不会增加通信效率。

在 S7－1200 PLC 中，用户可以使用 USS 指令控制支持通用串行接口的电机驱动器的运行。用户可以使用 CM1241 RS485 通信模块或 CB1241 RS485 通信板上的 RS485 连接，实现多个驱动器的通信连接。一个 S7－1200 CPU 中最多可安装三个 CM1241 RS422/RS485 模块和一个 CB1241 RS485 板，且每个 RS485 端口最多操作 16 台驱动器。USS 的网络连接图如图 7-41 所示。

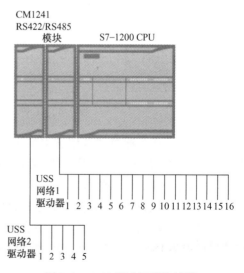

图 7-41　USS 驱动网络连接图

连接到一个 RS485 端口的所有驱动器（最多 16 个）共同构成一个单独的 USS 网络，每个驱动器作为该网络一部分。每个 USS 网络使用单独一个 USS_PORT 背景数据块（DB）。数据块包含供该网络中所有驱动器使用的临时存储区和缓冲区，被所有 USS 指令共享。

S7 –1200 PLC 中共提供了四条 USS 指令实现 USS 网络控制，这四个指令中包括一个函数块指令（FB）（USS_DRV）和三个函数指令（FC）（USS_PORT、USS_RPM 和 USS_WPM）。DB、四个指令与 USS 网络通信的关系如图 7-42 所示。

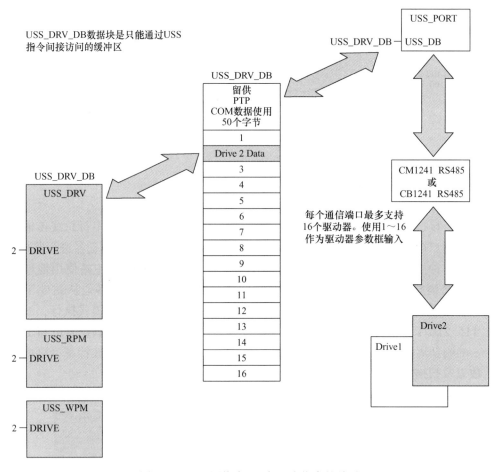

图 7-42　USS 网络中 DB 与四个指令的关系

USS_DRV 指令通过"调用选项"实现网络数据块的分配。如果该指令是程序的第一条指令，则自动分配默认数据块，否则需要程序进行指定；USS_PORT 函数通过点对点 RS485 通信端口处理 CPU 和驱动器之间的实际通信，每次调用可处理与一个驱动器的一次通信，该函数可以在主程序循环 OB 或任何中断 OB 中进行调用；USS_RPM 和 USS_WPM 功能可读取和写入远程驱动器工作参数，只能在主程序循环 OB 中调用这两个函数。这四个函数的具体情况见表 7-18。

表 7-18　USS 指令

指令图标	指令功能	数据类型	备　注
USS_DRV_DB USS_DRV EN　　ENO RUN　　NDR OFF2　ERROR OFF3　STATUS F_ACK　INHIBIT DIR　　FAULT DRIVE　SPEED SPEED_SP 或 USS_DRV_DB USS_DRV EN　　ENO RUN　　NDR OFF2　ERROR OFF3　STATUS F_ACK　RUN_EN DIR　　D_DIR DRIVE　INHIBIT PZD_LEN　FAULT SPEED_SP　SPEED CTRL3　STATUS1 CTRL4　STATUS2 CTRL5　STATUS3 CTRL6　STATUS4 CTRL7　STATUS5 CTRL8　STATUS6 　　　STATUS7 　　　STATUS8	USS_DRV 指令通过创建请求消息和解释驱动器响应消息与驱动器交换数据。每个驱动器应使用一个单独的函数块，但与一个 USS 网络和 PtP 通信端口相关的所有 USS 函数必须使用同一个背景数据块。 放置第一个 USS_DRV 指令时创建 DB 名称，然后引用初次指令使用时创建的 DB。 STEP7 会在插入指令时自动创建该 DB	• RUN：Bool • OFF2：Bool • OFF3：Bool • F_ACK：Bool • DIR：Bool • DRIVE：USint • PZD_LEN：USint • SPEED_SP：Real • CTRL3 ~ 8：Word • NDR：Bool • ERROR：Bool • STATUS：Word • RUN_EN：Bool • D_DIR：Bool • INHIBIT：Bool • FAULT：Bool • SPEED：Real • STATUS1 ~ 8：Word	首次执行 USS_DRV 时，将在背景数据块中初始化由 USS 地址（参数 DRIVE）指示的驱动器。完成初始化后，随后执行 USS_PORT 即可开始与具有此驱动器编号的驱动器通信 更改驱动器编号操作将要求 CPU 从 STOP 模式切换到 RUN 模式，以初始化相应的背景数据块。将输入参数组态到 USS TX 消息缓冲区中，并从"前一个"有效响应缓冲区（如果存在）读取输出 USS_DRV 执行期间不进行数据传送。驱动器在 USS_PORT 执行时通信。USS_DRV 仅组态要发送的消息并解释已从前一个请求中接收的数据
USS_PORT EN　　ENO PORT　ERROR BAUD　STATUS USS_DB	USS_PORT 指令用于处理 USS 网络上的通信	• PORT：Port • BAUD：DInt • USS_DB：USS_BASE • ERROR：Bool • STATUS：Word	通常，程序中每个 PtP 通信端口只有一个 USS_PORT 指令，且每次调用该功能都会处理与单个驱动器的通信。 与同一个 USS 网络和 PtP 通信端口相关的所有 USS 功能都必须使用同一个背景数据块
USS_RPM EN　　ENO REQ　　DONE DRIVE　ERROR PARAM　STATUS INDEX　VALUE USS_DB	USS_RPM 指令用于从驱动器读取参数。与同一个 USS 网络和 PtP 通信端口相关的所有 USS 功能都必须使用同一个数据块。必须从主程序循环 OB 调用 USS_RPM	• REQ：Bool • DRIVE：USInt • PARAM：UInt • INDEX：UInt • USS_DB：USS_BASE • VALUE：Word、Int、UInt、DWord、DInt、UDInt、Real • DONE：Bool • ERROR：Bool • STATUS：Word	DONE 位表示已从参考电机驱动器读取有效数据并将其传送给 CPU。它不表示 USS 库能够立即读取另一参数。必须将空的 PKW 请求发送到电机驱动器并由指令确认，才能使用特定驱动器的参数通道 立即调用指定电机驱动器的 USS_RPM 或 USS_WPM FC 将导致 0x818A 错误

（续）

指令图标	指令功能	数据类型	备　注
USS_WPM EN　　　ENO REQ　　DONE DRIVE　ERROR PARAM　STATUS INDEX EEPROM VALUE USS_DB	USS_WPM 指令用于修改驱动器中的参数。与同一个 USS 网络和 PtP 通信端口相关的所有 USS 功能都必须使用同一个数据块 　必须从主程序循环 OB 中调用 USS_WPM	• REQ：Bool • DRIVE：USInt • PARAM：UInt • INDEX：UInt • EEPROM：Bool • VALUE：Word、Int、UInt、DWord、DInt、UDInt、Real • USS_DB：USS_BASE	DONE 位表示已从参考电机驱动器读取有效数据并已将其传送给 CPU。它不表示 USS 库能够立即读取另一参数。必须将空的 PKW 请求发送到电机驱动器并由指令确认，才能使用特定驱动器的参数通道。立即调用指定电机驱动器的 USS_RPM 或 USS_WPM FC 将导致 0x818A 错误

习题与思考题

1. 西门子通信体系具有什么特点？

2. PROFINET 网络和 PROFIBUS 网络具有什么区别？

3. 什么是现场总线？西门子 S7 – 1200 PLC 支持哪些现场总线协议？

4. 分析 OSI 七层协议、TCP 四层协议的区别和联系。

5. PROFINET 支持哪些通信协议？

6. 请描述使用指令实现 PROFINET 网络通信的过程。

7. PROFINET 网络中的 IP 地址有什么意义？在设置组态时有什么需要特别注意的事项？

8. 请分析 TSEND、TREV 指令和 TSEND_C、TREV_C 指令的区别。

9. PROFIBUS 通信协议包括哪几个版本，S7 – 1200 PLC 中支持哪一种？

10. S7 – 1200 PLC 中支持 PROFIBUS 协议的硬件包括什么，如何使用？

11. 描述 S7 – 1200 PLC 中建立 PROFIBUS 网络的操作步骤。

12. 什么是 S7 通信，与 PROFINET、PROFIBUS 及 TCP 有什么区别和联系？

13. S7 – 1200 PLC 中支持的 WEB 服务器具有什么功能，如何使用？

14. S7 – 1200 PLC 中支持的点对点通信对应 RS232 和 RS485 分别采用什么模块？

15. 什么是 AS-i 通信协议？如何在 S7 – 1200 PLC 中实现这一通信？

16. 描述 S7 – 1200 PLC 中使用指令实现 MODBUS 通信的方法。

附　　录

附录 A　S7 -1200 PLC 指令集

表 A-1　基本操作指令

指　　　令			功　　能
S			置位
R			复位
SET_BF			置位一个区域
RESET_BF			复位一个区域
RS			置位优先
SR			复位优先
TP			生成具有预设宽度时间的脉冲
TON			在预设的延时过后将输出 Q 设置为 ON
TOF			在预设的延时过后将输出 Q 设置为 OFF
TONR			在预设的延时过后将输出 Q 设置为 ON
PT			预设定时器
RT			复位定时器
CTU			加计数器
CTD			减计数器
CTUD			加减计数器
OK	IN		检查有效性
NOT_OK	IN		检查无效性
IN_Range			范围内值
OUT_Range			范围外值
IS_NULL			查询等于零的指针
NOT_NULL			查询不等于零的指针
IS_ARRAY			检查数组
CALCULATE			计算
EQ_Type	IN2, OUT		数据类型与变量的数据类型进行比较，结果为 EQUAL
NE_Type	IN2, OUT		数据类型与变量的数据类型进行比较，结果为 UNEQUAL
EQ_ElemType	IN2, OUT		ARRAY 元素的数据类型与变量的类型进行比较，返回 EQUAL
NE_ElemType	IN2, OUT		ARRAY 元素的数据类型与变量的数据类型进行比较，返回 UNEQUAL
SWAP	IN, OUT		交换字节
INCULATE			创建作用于多个输入上的数学函数
ADD	IN1, IN2, OUT		加法
SUB	IN1, IN2, OUT		减法
MUL	IN1, IN2, OUT		乘法
DIV	IN1, IN2, OUT		除法
MOD	IN1, IN2, OUT		取余

（续）

指　　令		功　　能
NEG	IN，OUT	求二进制数的补码
INC	IN/OUT	递增
DEC	IN/OUT	递减
ABS	IN，OUT	计算绝对值
MIN	IN1，IN2，OUT	获取最小值
MAX	IN1，IN2，OUT	获取最大值
LIMIT		设置限值
SQR		计算平方
SQRT		计算平方根
LN		计算自然对数
EXP		计算指数值
EXPT		取幂
FRAC		提取小数
SIN		计算正弦值
ASIN		计算反正弦值
COS		计算余弦值
ACOS		计算反余弦值
TAN		计算正切值
ATAN		计算反正切值
MOVE	IN，OUT	移动值
MOVE_BLK	IN，OUT，COUNT	将数据块复制到新地址
UMOVE_BLK	IN，OUT，COUNT	无中断移动块
DESERIALIZE		将按顺序排列的数据转换回之前的顺序
SERIALIZE		将 PLC 数据类型（UDT）转换为按顺序表达的版本
FILL_BLK		填充块
UFILL_BLK		无中断填充块
PEEK		读存储器指令
POKE		写存储器指令
VariantGet		读取 Variant 变量值
VariantPut		写入 Variant 变量值
CountOfElements		获取 ARRAY 元素数目
FieldRead		读取域
FieldWrite		写入域
CONV	IN，OUT	转换值
ROUND	IN，OUT	取整
TRUNC	IN，OUT	截尾取整
CEIL	IN，OUT	浮点数向上取整
FLOOR	IN，OUT	浮点数向下取整
SCALE_X		标定
NORM_X		标准化
VARIANT_TO_DB_ANY		将 VARIANT 转换为 DB_ANY
DB_ANY_TO_VARIANT		将 DB_ANY 转换为 VARIANT

（续）

指　　令			功　　能
JMP			RLO = 1 时跳转
JMPN			RLO = 0 时跳转
LABEL			JMP 或 JMPN 跳转指令的跳转标签
JMP_LIST			定义跳转列表
SWITCH			跳转分配器
RET			返回
ENDIS_PW			启用/禁用 CPU 密码
RE_TRIGR			重新启动周期监视时间
STP			退出程序
GET_ERROR			获取本地错误信息
GET_ERROR_ID			获取本地错误 ID
GetErrorID			指示发生程序块执行错误，并报告错误的 ID
RUNTIME			测量程序运行时间
IF-THEN			控制程序流
CASE			控制程序流
FOR			控制程序流
WHILE-DO			控制程序流
REPEAT-UNTIL			控制程序流
CONTINUE			控制程序流
EXIT			退出循环
GOTO			跳转
RETURN			无条件退出正在执行的代码块
SEL			选择
MUX			多路复用
DEMUX			多路分用
SHL	IN, N, OUT		左移
SHR	IN, N, OUT		右移
ROR	IN, N, OUT		循环右移
ROL	IN, N, OUT		循环左移
FILL	IN, OUT, N		用指定的元素填充存储器空间
AENO			对 ENO 进行与操作
AND	IN1, IN2, OUT		字节、字、双字逻辑与
OR	IN1, IM2, OUT		字节、字、双字逻辑或
XOR	IN1, IN2, OUT		字节、字、双字逻辑异或
INV	IN, OUT		字节、字、双字取反
DECO	IN, OUT		解码
ENCO	IN, OUT		编码

表 A-2　扩展指令

指　　　令		功　　能
T_CONV	IN，OUT	转换时间并提取
T_ADD	IN1，IN2，OUT	时间相加
T_SUB	IN1，IN2，OUT	时间相减
T_DIFF	IN1，IN2，OUT	时差
T_COMBINE	IN1，IN2，OUT	组合时间
WR_SYS_T		设置时钟
RD_SYS_T		读取时间
RD_LOC_T		读取本地时间
WR_LOC_T		写入本地时间
SET_TIMEZONE		设置时区
RTM		运行时间计时器
S_MOVE	IN，OUT	移动字符串
S_CONV	IN，OUT	转换字符串
STRG_VAL		将字符串转换为数值
VAL_STRG		将数值转换为字符串
Strg_TO_Chars		将 ASCII 字符串复制到字符字节数组中
Chars_TO_Strg		将 ASCII 字符字节数组复制到字符串中
ATH		ASCII 码到十六进制数转换
HTA		十六进制数到 ASCII 码转换
MAX_LEN		字符串的最大长度
LEN		确定字符串的长度
CONCAT		组合字符串
LEFT		读取左侧字符串中的子串
RIGHT		读取右侧字符串中的子串
MID		读取中间字符串中的子串
DELETE		删除字符串中的字符
INSERT		在字符串中插入字符
REPLACE		替换字符串中的字符
FIND		在字符串中查找字符
RDREC		读取数据记录
WRREC		写入数据记录
RALRM		接收中断
DPRD_DAT		读取 DP 从站的一致性数据
DPWR_DAT		写入 DP 从站的一致性数据
DPNRM_DG		读取 DP 从站的诊断数据
ATTACH		附加 OB 和中断事件
DETACH		分离 OB 和中断事件
SET_CINT		设置循环中断参数
QRY_CINT		查询循环中断参数
SET_TINTL		设置时钟中断

(续)

指　令	功　能
CAN_TINT ACT_TINT QRY_TINT	取消时钟中断 激活时钟中断 查询时钟中断状态
SRT_DINT CAN_DINT QRY_DINT	启动延时中断 取消已启动的延时中断 查询中断的状态
DIS_AIRT EN_AIRT	延迟较高优先级的中断和异步错误事件 启用较高优先级的中断和异步错误事件
LED	读取 LED 状态
DeviceStates	返回连接到指定的分布式主站的所有从站设备的状态
ModuleStates	返回 PROFIBUS 或 PROFINET 站中所有模块的状态
GET_DIAG	读取诊断信息
Get_IM_Data	读取标识和维护数据
CTRL_PWM	脉宽调制
RecipeExport	配方导出
RecipeImport	配方导入
DataLogCreate DataLogOpen DataLogWrite DataLogClose	创建数据日志 打开数据日志 写入数据日志 关闭数据日志
DataLogNewFile	在新文件中创建数据日志
READ_DBL WRIT_DBL	读取装载存储器中的数据块 写入装载存储器中的数据块
GEO2LOG LOG2GEO IO2MOD	根据插槽确定硬件标识符 根据硬件标识符确定插槽 根据 I/O 地址确定硬件标识符
RD_ADDR	根据硬件标识符确定 I/O 地址

附录 B　实验指导书

实验 1　熟悉 S7 – 1200 PLC 编程软件

【实验目的】

（1）掌握 TIA Portal V14 的基本使用技巧和方法。

（2）熟悉 S7 – 1200 PLC 的基本指令。

（3）学会和掌握 TIA Portal V14 程序的调试方法。

【实验设备】

计算机（PC）一台，装有 TIA Portal V14 编程软件；S7 – 1200 PLC 一台；网线电缆一根；模拟输入开关一套；模拟输出装置一套；导线若干。

【实验内容】

（1）熟悉 S7 -1200 PLC 的基本组成。仔细观察 S7 -1200 CPU 的输入点、输出点的数量及其类型，输入、输出状态指示灯，通信端口等。

（2）熟悉 TIA Portal V14 编程软件，掌握 S7 -1200 PLC 的基本指令。

（3）根据所提供实验装置，使用 TIA Portal V14 对系统硬件进行配置。

（4）试用课堂上学习的梯形图实例，观察程序运行结果，从中理解 LAD 的编程方法。

【思考题】

（1）在 TIA Portal V14 中为什么要对 PLC 系统硬件进行配置？

（2）列出梯形图实例，并记录运行结果。

实验 2　基本指令练习

【实验目的】

（1）了解 TIA Portal V14 的编程环境，软件的使用方法。

（2）掌握与、或、非逻辑功能的编程方法。

（3）掌握定时器、计数器的正确编程方法。

【实验设备】

计算机（PC）一台；S7 -1200 PLC 一台；网线电缆一根；导线若干。

【实验内容】

（1）按照图 B-1，整理出运行调试后的梯形图或结构化控制语言程序。

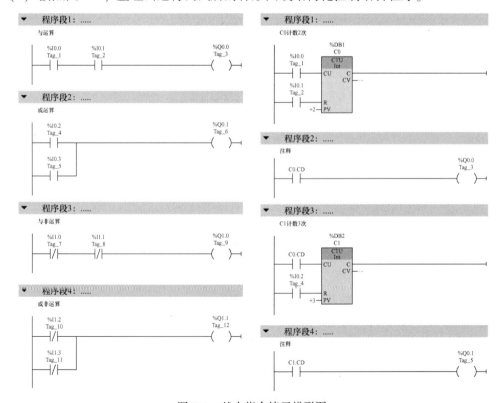

图 B-1　基本指令练习梯形图

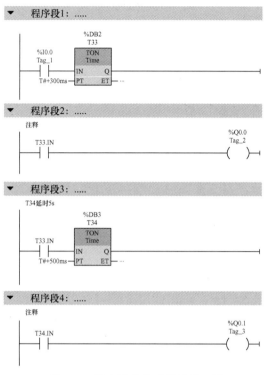

图 B-1　基本指令练习梯形图（续）

（2）写出程序的调试步骤和观察结果。

【思考题】

（1）分析针对常开按钮、常闭按钮，在编程中对应应采用的常开触点或常闭触点。

（2）计数器与定时器的作用是什么，编程中可以用在哪些方面？

实验 3　三相异步电动机正、反转控制

【实验目的】

（1）熟悉常用低压电器的结构、原理和使用方法。

（2）掌握三相异步电动机正、反转的原理和方法。

（3）掌握 I/O 分配的方法及 I/O 接线图设计。

（4）掌握三相异步电动机正、反转控制的梯形图程序。

【实验设备】

三相笼型异步电动机；继电接触器；熔断器；S7 - 1200 PLC；计算机（PC）一台；网线电缆一根；按钮和导线若干。

【实验内容】

（1）根据图 B-2 三相异步电动机正、反转电气原理图，制定输入/输出接线列表。

（2）实验设备接线。

（3）在 TIA Portal V14 的编程环境中编写程序。

（4）打开主机电源将程序下载到主机中。

（5）启动并运行程序，观察实验现象，调试修改程序。

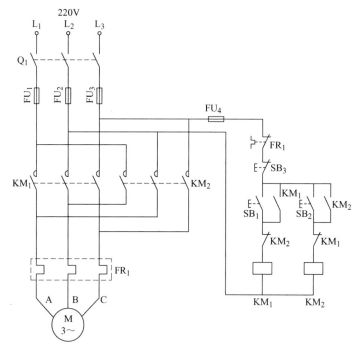

图 B-2　三相异步电动机正、反转控制

【思考题】

（1）列出 I/O 分配表及 I/O 接线图。

（2）程序中如何实现正、反转安全切换？

实验 4　多人抢答器程序设计

【实验目的】

（1）检验学生对基本元件的掌握程度。

（2）训练基本逻辑能力。

【实验设备】

计算机（PC）一台；S7－1200 PLC 一台；网线电缆一根；按钮三个；指示灯三个；开关一个；导线若干。

【实验内容】

（1）设置抢答按钮三个，对应抢答器成功指示灯三个，复位按钮一个。

（2）任意一个抢答器按钮被按下，对应的输出指示灯点亮，其他两个抢答按钮失效，本轮抢答完成。

（3）当复位按钮被按下时，输出指示灯全灭，进入新一轮抢答。

【实验步骤】

（1）根据实验内容，制定 I/O 接线列表。

（2）实验面板接线。

（3）在 TIA Portal V14 的编程环境中编写程序。

（4）打开主机电源将程序下载到主机中。

（5）启动并运行程序，观察实验现象，调试修改程序。

【思考题】

（1）试说明抢答程序为何不会出现两个指示灯同时点亮的情况？

（2）试用程序控制取代复位按钮，即抢答完成后，系统保持 10s 后自动进入新一轮抢答。

实验 5　运料小车的程序控制

【实验目的】

（1）熟悉时间控制和行程控制的原则。

（2）掌握定时器指令的使用方法。

【实验设备】

计算机（PC）一台；S7 - 1200 PLC 一台；网线电缆一根；模拟输入开关一套；运料小车实验模板一块；按钮和导线若干。

【实验内容】

（1）设计运料小车控制程序。

要求如图 B-3 所示，系统启动后，小车首先在原位进行装料。15s 后装料停止，小车右行。右行至行程开关 SQ_2 处停止，进行卸料。10s 后，卸料停止，小车左行。左行至行程开关 SQ_1 处停止，进行装料。如此循环，一直进行下去，直到停止工作。

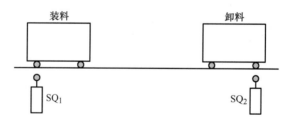

图 B-3　运料小车运行

（2）根据运料小车控制程序编写相应的梯形图。

（3）调试运料小车控制程序直到准确无误。

【思考题】

（1）整理出运行调试后的梯形图。

（2）通过本实验，总结你的实验技能。

实验 6　循环流水灯

【实验目的】

检验学生对定时器/计数器的掌握程度。

【实验设备】

计算机（PC）一台；S7 - 1200 PLC 一台；网线电缆一根；彩灯若干；按钮和导线若干。

【实验内容】

（1）设置启动按钮一个，停止按钮一个，输出指示灯三个（L_1、L_2、L_3）。

（2）当启动按钮被按下，L_1 灯亮（L_2、L_3 灭），并保持 3s 后，自动熄灭；然后 L_2 点亮（L_1、L_3 灭），同样保持 3s 熄灭，然后 L_3 点亮（L_1、L_2 灭），保持 3s 熄灭。重复上述过程（L_1 灯亮、L_2 灯亮、L_3 灯亮），如此循环往复。

（3）当停止按钮被按下，所有输出指示灯灭，循环停止。

【实验步骤】

（1）根据实验内容，制定 I/O 接线列表。

（2）实验面板接线。

（3）在 TIA Portal V14 的编程环境中编写程序。

（4）打开主机电源将程序下载到主机中。

（5）启动并运行程序，观察实验现象，调试修改程序。

【思考题】

（1）在以上实验的基础上，试加设循环时间切换拨动开关一个，用于切换循环间隔为 10s 或 5s。

（2）尝试实现：L_1 亮，L_1、L_2 亮，L_2 亮，L_2、L_3 亮，L_3 亮，L_3、L_1 亮，L_1 亮……循环控制。

实验 7　十字路口交通灯程序控制

【实验目的】

（1）掌握功能指令在控制中的应用及编程方法。

（2）进一步掌握编程软件的使用方法和调试程序的方法。

（3）了解 PLC，解决一个实际问题。

【实验设备】

计算机（PC）一台；S7-1200 PLC 一台；网线电缆一根；灯若干；按钮和导线若干。

【实验内容】

本实验给出交通信号灯控制要求为：①接通启动按钮后，交通信号灯开始工作，南北向红灯、东西向绿灯同时亮；②东西向绿灯亮 30s 后，闪烁三次（每次 0.5s），接着东西向黄灯亮，2s 后东西向红灯亮，35s 后东西向绿灯又亮，……，如此不断循环，直至停止工作；③南北向红灯亮 35s 后，南北向绿灯亮，30s 后南北向绿灯闪烁三次（每次 0.5s），接着南北向黄灯亮，2s 后南北向红灯又亮，……，如此不断循环，直至停止工作。实验面板如图 B-4 所示。

【实验步骤】

（1）根据实验内容，制定 I/O 接线列表。

（2）实验面板接线。

（3）在 TIA Portal V14 的编程环境中编写程序。

（4）打开主机电源将程序下载到主机中。

（5）启动并运行程序，观察实验现象，调试修改程序。

【思考题】

（1）描述程序如何避免东西方向和南北方向的绿灯同时亮的问题。

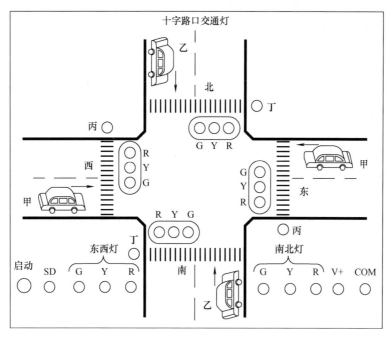

图 B-4　实验面板

（2）总结调试过程中出现的问题及获得的经验。

实验 8　PLC 的通信编程

【实验目的】

（1）熟悉通信指令的编程方法。

（2）掌握 PLC 通信的几种方式。

（3）掌握通信指令的操作过程。

【实验设备】

计算机（PC）一台；S7-1200 PLC 两台；网线电缆（或 RS485 电缆）若干根；以太网交换机一台；导线若干。

【实验内容】

（1）两台 S7-1200 PLC 与装有编程软件的计算机（PC）通过以太网交换机组成通信网络。

（2）建立 PLC 与 PC 之间的通信。

（3）建立 PLC 与 PLC 之间的以太网通信。

【实验报告】

（1）整理出运行调试后的梯形图。

（2）写出 PLC 通信的调试步骤和观察结果。

（3）总结调试过程中出现的问题及获得的经验。

【思考题】

（1）计算机与 S7-1200 PLC 建立通信的方式有哪几种？

（2）总结 S7-1200 PLC 组网通信的基本方式和特点。

附录 C　课程设计指导书

学习 PLC 的最终目的是能把它应用到实际控制系统中去。通过自己所学的 PLC 基础知识以及 PLC 的基本实验的体会，对问题进行综合、全面的分析。联系实际，设计一个经济、实用及可靠的控制系统。课程设计以学生为主体，充分发挥学生学习的主动性和创造性。课程设计期间，指导老师要把握和引导学生采取正确的工作方法和思维方式。

学生对题目首先分析控制要求，确定 I/O 点，编好程序，输入程序，调试，处理故障，不满足要求，则修改设计，直到满足要求为止。

1. PLC 控制系统设计的基本原则

（1）最大限度地满足被控对象的控制要求，是设计 PLC 控制系统的首要前提，也是最重要的一条原则，要求设计人员在设计前深入现场进行调查研究，收集控制现场资料，收集相关先进的国内外资料。

（2）保证 PLC 控制系统安全可靠。要求设计者在系统设计、元器件选择、软件编程上要全面考虑，以确保控制系统安全可靠。

（3）在满足控制要求的前提下，力求控制系统简单、经济、使用及维修方便。

（4）为满足今后生产的发展和工艺的改进，设计时要适当考虑到今后控制系统发展和完善的需要。

2. PLC 控制系统设计的基本内容

（1）硬件设计。选择用户输入设备（按钮、低压开关、限位开关等）、输出设备（继电器、接触器等）以及由输出设备驱动的控制对象（电动机、电磁阀等）。PLC 是 PLC 控制系统的核心部件，选择 PLC 包括对型号、容量、I/O 点数、电源模块和特殊功能模块的选择。分配 I/O 点，绘制电气连接接线图，必要时还需设计控制台。

（2）程序设计。包括控制系统流程图、设计梯形图、语句表。控制程序是控制整个系统工作的软件，必须经过反复调试、修改。

（3）编制系统的技术文件。包括设计说明书、电气图及电气元件明细表等。电气图包括电气原理图、电气布置图、电气安装图、I/O 接口图、梯形图等。

3. PLC 控制系统设计的一般步骤

（1）根据生产的工艺过程分析控制要求。

（2）根据控制要求确定所需的用户 I/O 设备。

（3）选择 PLC 机型。

（4）分配 PLC 的 I/O 点，设计 I/O 电气接口连接图。

（5）进行 PLC 程序设计。

（6）输入并调试程序。

附录 D　课程设计任务书

"电气控制与 PLC 应用"是一门实践性和实用性都很强的课程，学习的目的在于应用。

本课程设计是配合"电气控制与 PLC 应用"课堂教学的一个重要的实践教学环节,它能起到巩固课堂和书本上所学知识,加强综合能力,提高系统设计水平,启发创新思想的效果。我们希望每个学生都能自己动手独立设计完成一个典型的 PLC 控制系统。

1. 课程设计的目的

(1) 了解常用电气控制系统的设计方法、步骤和设计原则。

(2) 使学生初步具有设计电气控制系统的能力,从而培养学生独立工作和创造的能力。

(3) 进行一次工程技术设计的基本训练,培养学生查阅书籍、参考资料、产品手册、工具书的能力,上网查询信息的能力,运用计算机进行工程绘图的能力,编制技术文件的能力等,从而提高学生解决实际工程技术问题的能力。

2. 课程设计的要求

(1) 阅读与课程设计相关的参考资料及图样,了解一般电气控制系统的设计原则、方法和步骤。

(2) 调研当今电气控制领域的新技术、新产品、新动向,使设计成果具有先进性和创造性。

(3) 分析所选课题的控制要求,并进行工艺流程分析,画出工艺流程图。

(4) 确定控制方案,设计电气控制系统的主电路。

(5) 应用 PLC 设计电气控制系统的控制程序。可分为五个步骤:①选择 PLC 的机型及 I/O 模块的型号,进行系统配置并校验主机的电源负载能力;②根据工艺流程图绘制顺序功能图;③列出 PLC 的 I/O 分配表,画出 PLC 的 I/O 接线图;④设计梯形图,并进行必要的注释;⑤输入程序并进行室内调试及模拟运行。

(6) 设计电气控制系统的照明、指示及报警等辅助电路。系统应具有必要的安全保护措施,例如短路保护、过载保护、失电压保护、超程保护等。

(7) 选择电气元件的型号和规格,列出电气元件明细表。

(8) 绘制正式图样,要求用计算机绘图软件绘制电气控制电路图,用 TIA Portal V14 编程软件编写梯形图。要求图幅选择合理,图、字体排列整齐,图样应按电气制图国家标准有关规定绘制。

(9) 编写设计说明书及使用说明书。内容包括:阐明设计任务及设计过程,附上设计过程中有关计算及说明,说明操作过程、使用方法及注意事项,附上所有的图表、所用参考资料的出处及对自己设计成果的评价或改进意见等。要求文字通顺、简练,字迹端正、整洁。

课程设计课题 1:自动售货机的 PLC 控制

1. 任务描述

在商场、校园、车站、医院等场所经常看到自动售货机,通过售货机的控制面板,顾客可以自行完成购物,不受时间限制。自动售货机具有显示投币金额、投币计数、找零等功能,对投入的钱币进行计算,根据运算结果做出相应的判断,可以购买哪些商品。

2. 控制要求

(1) 自动售货机有三个投币孔,分别是 1 元、5 元和 10 元。

（2）售货有三种饮料供选择，分别为汽水、牛奶和咖啡。

（3）如果投币总额超过销售价格，可通过退币按钮找回余额。

（4）投币总额或当前值显示在 7 段数码管上。

（5）投币值大于或等于 12 元，汽水指示灯亮，表示只可选择汽水。

（6）投币值大于或等于 15 元，汽水和牛奶指示灯亮，表示可选择汽水和牛奶。

（7）投币值大于或等于 20 元，汽水、牛奶和咖啡指示灯亮，表示三种均可选择。

（8）按下要饮用的饮料按钮，则对应的指示灯开始闪烁，3s 后自动停止，表示饮料已掉出。

（9）动作停止后按退币按钮，可以退回余额，退回金额如果大于 10 元，则先退 10 元再退 1 元，如果小于 10 元则直接退 1 元。

3. 硬件设计

（1）列出 PLC 的 I/O 分配表，并画出 PLC 的 I/O 接线图。

（2）选择 PLC 的机型及 I/O 模块的型号，进行系统配置并校验主机的电源负载能力。

（3）设计必要的安全保护措施，例如短路保护、过载保护、失电压保护、超程保护等。

4. 软件设计

（1）采用模块化程序结构设计软件。

（2）编写自动售货机控制系统的逻辑关系图。

（3）编制 PLC 程序并进行模拟调试。

（4）现场调试。

（5）编写技术文件并现场试运行。

课程设计课题 2：水塔水位控制系统

1. 任务描述

水塔水位控制示意图如图 D – 1 所示。当水池水位低于低水位界限时（S4 为 OFF 时表示），阀门 Y 打开，给水池注水（Y 为 ON），同时定时器开始计时；2s 后，如果 S4 继续保持 OFF 状态，那么阀门 Y 的指示灯开始以 0.5s 的间隔闪烁，表示阀门 Y 没有进水，出现了故障；当水池水位到达高水位界限时（S3 为 ON 时表示），阀门 Y 关闭（Y 为 OFF）。当 S3 为 ON 时，如果水塔水位低于低水位界限（S2 为 OFF），则水泵 M 开始从供水池中抽水；当水塔水位到达高水位界限时（S1 为 ON），水泵 M 停止抽水。图 D-1 中，S1、S2、S3、S4 为液面传感器。

2. 系统分析

为了实现上述要求，首先列出 PLC 的 I/O 分配表，并画出 PLC 的 I/O 接线图，然后选择 PLC 的机型及 I/O 模块的型号，进行系统配置并校验主机的电源负载能力。根据控制要求，编写梯形图或结构化控制语言程序，调试程序直到准确无误。

3. 硬件设计

（1）列出 PLC 的 I/O 分配表，并画出 PLC 的 I/O 接线图。

（2）选择 PLC 的机型及 I/O 模块的型号，进行系统配置并校验主机的电源负载能力。

（3）设计必要的安全保护措施，例如短路保护、过载保护、失电压保护、超程保护等。

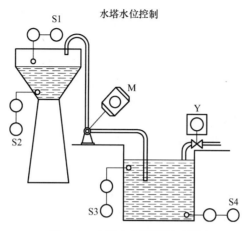

图 D-1　水塔水位控制示意图

4. 软件设计

（1）采用模块化程序结构设计软件，首先将整个软件分成若干功能模块。

（2）编写水塔水位控制系统的逻辑关系图。

（3）编制 PLC 程序并进行模拟调试。

（4）现场调试。

（5）编写技术文件并现场试运行。

参 考 文 献

［1］ 熊信银，张步涵．电气工程基础［M］．武汉：华中科技大学出版社，2005.

［2］ 陈红．工厂电气控制技术［M］．北京：机械工业出版社，2016.

［3］ 邓则名，谢光汉．电器与可编程控制器应用技术［M］．北京：机械工业出版社，2008.

［4］ 刘武发，张瑞，赵江铭．机床电气控制［M］．北京：化学工业出版社，2009.

［5］ 西门子（中国）有限公司．深入浅出西门子 S7 - 1200 PLC［M］．北京：北京航空航天大学出版社，2009.

［6］ 吴繁红．西门子 S7 - 1200 PLC 应用技术项目教程［M］．北京：电子工业出版社，2017.

［7］ 段礼才．西门子 S7 - 1200 PLC 编程及使用指南［M］．北京：机械工业出版社，2018.

［8］ 赵化启，徐斌山，等．零点起飞学西门子 S7 - 1200 PLC 编程［M］．北京：清华大学出版社，2019.

［9］ 朱文杰．S7 - 1200 PLC 编程与应用［M］．北京：中国电力出版社，2019.

［10］ 高文娟，张天洪，等．西门子 S7 - 1200 PLC 应用技能实训［M］．北京：中国电力出版社，2019.